网络空间安全系列丛书

工业和信息产业科技与教育专著出版资金资助出版

密码学浅谈

北京云班科技有限公司
文仲慧 周明波 何桂忠 牛传涛 编著

電子工業出版社
Publishing House of Electronics Industry
北京•BEIJING

内 容 简 介

本书分为两篇：上篇给出广义密码、狭义密码、更狭义的密码的概念，并从密码发展历史沿革的视角介绍古典密码学和近代密码学，重点是通过直观、简洁的解释和实例，介绍现代密码学的主流密码算法；下篇通过示例和真实历史事件，进一步诠释古典密码学和近代密码学的应用。为了满足部分读者对密码破译和密码分析知识的需求，本书还专门介绍了 M-209 密码机以及更为抽象一些的密码分析知识和密码分析结果。

本书的主要目的是通过相对科普的方式让读者了解所谓“神秘”的密码，既可作为高等学校相关专业的教材或教学参考书，也可供从事网络安全的人员阅读。

图书在版编目（CIP）数据

密码学浅谈 / 文仲慧等编著. —北京：电子工业出版社，2019.1
（网络空间安全系列丛书）
ISBN 978-7-121-35389-5

I. ①密… II. ①文… III. ①密码学 IV. ①TN918.1

中国版本图书馆 CIP 数据核字（2018）第 252764 号

责任编辑：田宏峰

印　　刷：北京盛通商印快线网络科技有限公司

装　　订：北京盛通商印快线网络科技有限公司

出版发行：电子工业出版社

北京市海淀区万寿路 173 信箱　　邮编：100036

开　　本：787×980　1/16　　印张：12　　字数：268 千字

版　　次：2019 年 1 月第 1 版

印　　次：2022 年 7 月第 9 次印刷

定　　价：68.00 元

凡所购买电子工业出版社图书有缺损问题，请向购买书店调换。若书店售缺，请与本社发行部联系，联系及邮购电话：（010）88254888，88258888。

质量投诉请发邮件至 zlts@phei.com.cn，盗版侵权举报请发邮件至 dbqq@phei.com.cn。

本书咨询联系方式：tianhf@phei.com.cn。

丛书编委会

前　言

一种观点认为，密码技术是信息安全技术中的核心技术。何以故？

因为信息安全的诸多保障要求，如信息保护、消息验证、身份认证、数字签名、数字水印、数字防伪等均可通过密码技术实现；从另一个角度看，如数据安全、载体安全、环境安全、边界安全、应用安全等都离不开密码技术的支撑。笔者认为，在现代化、信息化、网络化的社会中，密码技术的最大贡献是构筑了虚拟空间（或曰网络空间）的信任体系。

另一种观点认为，密码是“天书”，密码学是一门神秘莫测的学科。何以故？

因为密码虽然早已有之，但至少在20世纪70年代以前，密码主要是由国家、政府、军队等部门使用的，主要用于政治、军事、外交、经济等方面，因此长期处于严格保密和保护之中，密码的神秘面纱一直未能揭开。

文明在发展，社会在前进。这种发展和前进不以人的意志为转移；这种发展和前进不可阻挡，不可回避，不可逆转，不可忽视。在当今信息化、网络化的社会中，人的固有属性，包括自然属性、社会属性和信息属性，已经充分融入信息化、网络化社会的大环境中。密码学除了原有的应用领域，已经悄然走进并融入每一个人的工作和生活之中。因此，粗浅、大致地了解密码学，对于现代社会中已经完全离不开信息化、网络化的一般公众来说，确有其意义；对于从事或涉及信息化的工作人员来说，其意义更是不言而喻的。

在信息化、网络化条件下，密码算法寓于密码系统之中，密码系统寓于信息安全系统之中，信息安全系统寓于信息系统之中，信息系统寓于信息网络之中。对密码的理解，包括概念的理解和应用的理解，应该从更大范围、更深层次去思考。

本书的目的是“浅说”，因此不考虑密码的理论性、完整性和系统性，希望读者阅后能对密码有粗浅、大致的了解，对一些现有密码算法的名称不再感到恐惧。编制密码算法是密码编码学家的工作，分析算法优劣是密码分析学家的工作，密码算法的软件实现是软件工程师的工作，密码算法的硬件实现是硬件工程师的工作，一般人只需粗浅、大致了解密码即可。

真诚感谢徐根生研究员、王隽博士、任金萍博士在本书成书过程中给予的帮助。

密码涉及的内容很多，限于作者水平，本书难免会有不足和错误之处，敬请广大专家和读者批评指正。

作　者

目　录

上篇　密码发展历史沿革

下篇　密码应用和密码分析若干示例

上　篇

密码发展历史沿革

第1章 密码概论

1.1 密码的概念

可以从不同角度阐述密码的概念或给出密码的定义，本书从简单、大致了解密码学的目的出发，按递进的方式给出了密码的基本概念。

1.1.1 广义密码

广义密码的概念可表述为：自然界、社会界的某一事物，当对其未认识时，均可视为某种密码；通过某种方式认识自然界、社会界的某一事物，均可视为破译了某种密码。

以自然界为例，通过物理学的方法解释、认识了某一种物理现象，可视为破译了某种物理密码；通过化学的方法解释、认识了某一种化学现象，可视为破译了某种化学密码；通过生物学的方法解释、认识了某一种生物现象，可视为破译了某种生物密码……可以按照自然科学的分类，划分出各类自然科学的广义密码。

以社会界为例，通过心理学的方法认识了某一类人，包括他们的性格、行为、习惯等，可视为破译了某种心理密码；通过经济学的方法认识了某一种经济规律，包括这种规律产生的背景、环境、条件等，可视为破译了某种经济规律的密码；通过历史学的方法解释了某一种社会现象，认识了某一种社会发展规律，可视为破译了某种人类社会发展规律的密码……可以按照社会科学的分类，划分出各类社会科学的广义密码。

总之，自然界、社会界的一切事物，均可视为一类密码，这类密码的本质是自然界、社会界**固有的**属性和规律。破译这类密码的目的是解释、认识这些属性和规律，或者更进一步地说，通过对这种属性和规律的认识，实现更好地认识世界和改造世界（包括自然世界、人类社会）的目的。破译这类密码的方法是利用已有的，仍在不断发展、永无止境的自然科学的诸多方法和社会科学的诸多方法，也包括自然科学和社会科学交叉融合的诸多方法。

广义密码不是本书介绍的重点，但是给出广义密码的概念仍有意义。例如，生物学研究表明，人的指纹（指纹或曰手印验证早已有之，何年何月出现已不可查证）、掌纹、虹膜、视网膜、声音、肢体行为，乃至于DNA等，都具有非常强烈的个性化特征，可以作为识别、确认人的个体的重要指标，已经而且还将更广泛地应用于现代社会生活之中。生物密码的破译和应用，还诠释着密码学应用领域十分宽泛的重要事实，即密码不仅仅可用于信息保护，还有诸多诸如身份确认等方面的重要应用。生物识别技术的研究仍在继续，而且前景广阔。

1.1.2 狭义密码

狭义密码的概念是指：出于信息保护、消息验证、身份认证……目的，**人为设计的**、通过技术手段或方法将可（听、读、看，甚至嗅等）懂的明文信息变换为不可懂的密文信息的实现结果。

上述概念中有两点必须强调，一是“人为设计的”，这是狭义密码与广义密码的根本区别；二是省略号“……”，因为密码技术到底可以用到哪儿，或者更确切地说可以扩展到哪些应用领域，笔者认为，目前仍是未知数。至少密码的应用已经从最初的信息保护领域扩展到了消息验证、身份认证等新的领域。随着人类认识的逐步深入、社会需求的不断提出、科学技术的快速发展，从理性和感性两个角度来看，密码技术的应用领域还会扩展。

狭义密码的概念十分宽泛，因为人为设计的、将可懂的明文信息变换为不可懂的密文信息的技术手段和方法非常多，多到可能只会受到想象力的限制。

（1）社会工程学方法。利用社会工程学方法设计的密码早已有之。比如一种暗号，如中国古代的虎符，即将画于介质上的某种图形，或者制作成某种形状的物体，分割为 n（$n \geqslant 2$）块他人不可懂的图形或者物体，分别交给 n 个可能相识也可能不相识的人，这 n 个人都拿出一部分图形或物体，整合为一种可懂的图形或物体，以此证明这 n 个人是同一组织的成员。又比如一种暗语，如小说《林海雪原》的“智取威虎山”中土匪之间的问话“天王盖地虎”和答语“宝塔镇河妖”，目的也是证明互不相识的土匪是同一组织成员的身份；类似的还有军队晚间查哨时的口令（听不懂）。再比如一种图形密码，表面上看，是一幅风景画，仔细观察后发现图中的小草有长有短，再进一步分析，发现小草的长短代表着莫尔斯（Morse）电码的“—”和“·”，更进一步分析，发现这些莫尔斯电码表示一段有意义的英文信息，这时的密码是用于保护信息的，而不是用于验证身份的（看不懂）。还比如，许多国家的军队在作战时使用特殊的方言进行语音通信，用于保护战术级别的军事语音通信（听不懂）。用社会工程学的不同技术和方法，可以构造出五花八门的密码。

（2）化学方法。利用化学方法设计的密码也早已有之。比如一种隐写术，即将需要保护的信息用蘸有某种化学成分的药水书写在某种介质上，药水晾干后，介质上并不显现任何信息，但是，当用另一种含有某种化学成分的药水涂抹到介质上后，被隐藏的信息即可显现出来，这时的密码是用于保护信息的（看不懂）。再比如，绝大部分国家印制的纸钞上都印有含有某种化学物质的图案，在特殊光谱的光线照射下，这种图案便可显现，而在其他光谱的光线照射下，这种图案则不会显现，这时的密码既不是用于保护信息，也不是用于验证身份的，而是用于防止伪造的（看不出）。用化学的不同技术和方法构造出的密码，特别是用于防伪，如防伪油墨、防伪印章、防伪纸张、防伪布料等，已经广泛应用于多个领域。

（3）物理方法。用物理方法设计的最典型的密码，是目前方兴未艾的量子密码。量子密码与传统密码不同，它以物理学作为安全模式的关键。量子密码是基于单个光子的应用以及光子固有的量子特性（Heisenberg 不确定原理）而开发出的密码系统。理论上讲，其他微粒也可以利用量子特性，但是光子具有多种需要的品质，其行为较易理解，同时还是最具前途的高宽带通信介质光纤电缆的信息载体。量子密码工作原理的阐述已超出本书的范围，但是，可以简要给出量子密码几个便于理解而且相对直观的结论：

① 理论上讲，量子密码可以实现真正意义上的随机性。

② 量子密码具有很强的入侵检测能力，或者更确切地说，只要在光子线路上进行窃听，通信双方就可以即时发现，重新通信。

③ 量子密码还可以保证数据的完整性，即数据不会被改动、删除或插入。

当前，量子密码研究的核心内容是如何利用量子技术在量子信道上安全可靠地分发密钥（金钥）。

（4）数学方法。

（5）其他方法。目前还不能保证是否会出现采用自然科学或社会科学的其他学科和技术设计出来的新的密码。

1.1.3 更狭义的密码

更狭义的密码的概念是指：出于信息保护、消息验证、身份认证……目的，人为设计的、通过**数学手段或方法**将可懂的明文信息变换为不可懂的密文信息的实现结果。

更狭义的密码是本书介绍的重点，以下如不做特别说明，本书介绍的密码均是指这种更狭义的密码。

1.2 密码的分类

可以根据不同需要、不同原则或不同角度对密码进行分类。本文根据“浅说”的原则，给出密码的几种分类。

1.2.1 从密码的实现手段分类

从实现手段上看，密码可分为手工密码、机械密码和电子密码。当然也可以更细化地分类，将密码分为手工密码、手工机械密码、机械密码、机械电子密码、电子密码。

1.2.2 从密码的破译难度分类

从破译难度上看，密码可分为低级密码、中级密码和高级密码。当然也可以更细化地分类，将密码分为低级密码、中低级密码、中级密码、中高级密码和高级密码。

从客观上讲，密码的破译难度是一个动态的概念。随着破译理论研究的深入、破译实践经验的积累，以及软/硬件性能的提高等，以前认为的高级密码可能降为中级密码，中级密码可能降为低级密码。

从主观上讲，密码的破译难度又是一个相对的概念。很多密码在破译过程中确实很难，但“窗户纸”一旦捅破，却发现并不是很难。这时的创新性主要体现在捅破“窗户纸”的能力。没有强烈的好奇、坚强的毅力、探求的渴望、长期的积累、扎实的功底、精密的分析、群体的智慧（智商和情商的高度结合，情商更重要）等，是不可能具有这种能力的。

总之，密码的破译难度是一个只可定性理解、难以定量描述的模糊概念。

1.2.3 从密码的传输速率分类

从传输速率上看，密码可分为低速密码、中速密码、高速密码。类似地，也可以进行更为细化的分类。

1.2.4 从密码的技术体制分类

从密码的技术体制分类如图 1.1 所示。

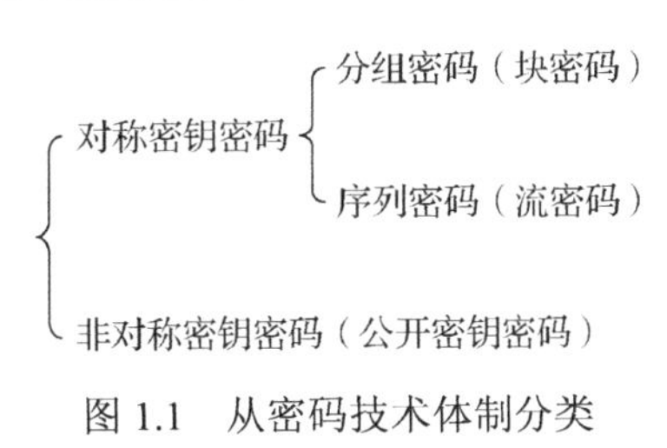

图 1.1 从密码技术体制分类

还可以根据其他需求和原则对密码进行分类。

在上述分类中，密码的实现手段和破译难度之间没有必然关系，比如采用手工办法，完全可以编制出高级密码；采用电子手段，也很可能产生的是低级密码。但是，密码的实现手段和传输速率之间有着密切的关系，比如采用手工办法，实现不了高速密码；采用电子手段，一定不是针对手工密码的。上述按实现手段、破译难度、传输速率对密码进行分类，之间的关系如图 1.2 所示。

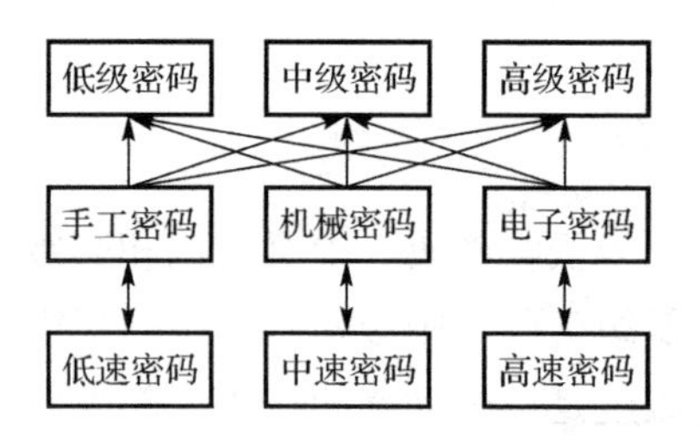

图 1.2 密码的实现手段、破译难度、传输速率之间的关系

本章小结：本章简要介绍了广义密码、狭义密码、更狭义的密码的概念，以及按照实现手段、破译难度和传输速率对密码进行的分类。

第2章

古典密码学

密码是出于信息保护、消息验证、身份认证……目的，人为设计的、通过数学手段或方法将可懂的明文信息**变换**为不可懂的密文信息的实现结果。在传统密码体制中，这种变换通常有两种最基本的方式：变换形态和变换位置。

2.1 变换形态——代替密码算法

变换形态，也称为代替作业、替代作业、变形作业等。因为早期密码体制的加密或解密一般以单个字母为基本单位（**加密单位和解密单位**的概念后面还要出现，这里只要大概理解即可），故这里以凯撒密码盘为例介绍变换形态，如图 2.1 所示。

图 2.1 代替密码算法的实现——凯撒（Caesar）密码盘

2.1.1 单表代替密码算法

密码算法如下：

明文-密文对照表	密文-明文对照表
明文：ABCDEFGHIJKLMNOPQRSTUVWXYZ	密文：ABCDEFGHIJKLMNOPQRSTUVWXYZ
密文：CDEFGHIJKLMNOPQRSTUVWXYZAB	明文：YZABCDEFGHIJKLMNOPQRSTUVWX

实例 2-1：

明文：the quick brown fox jumps over the lazy dog（这是著名的测试文本，明文便于记忆，短小且包含所有 26 个英文字母）。

整理：THEQUICKBROWNFOXJUMPSOVERTHELAZYDOG（上述明文-密文对照表中没有小写字母和空格符号，因此，在加密前要进行必要的整理）。

密文：VJGSWKEMDTQYPHQZLWORUQXGTVJGNCBAFQI。

整理：VJGSW KEMDT QYPHQ ZLWOR UQXGT VJGNC BAFQI。社会工程学研究表明，乱序英文字母，从视觉、听觉等感觉上，5 个字母一组最合适，4 个一组略显少，6 个一组略显多。同理，乱序阿拉伯数字，4 个一组最合适。

本例还可以从另一个角度看，如果将 A、B、…、Y、Z 编为数字 0、1、…、24、25，则发现密文实际上是明文加 2 再模 26，即：

密文=（明文+2）mod（26）

这可看成一种加减作业。加减作业是代替作业的一种特例，而且隐含着序列密码设计思想的雏形（下文还要涉及）。

理论上讲，可以构造出 26!（26 个英文大写字母的全排列，$n!=n(n-1)(n-2)\cdots3\times2\times1$）个不同的单表代替的密码算法，其中包括一些“不好”的单表代替。比如，下面的单表代替就“不好”。

明文-密文对照表	密文-明文对照表
明文：ABCDEFGHIJKLMNOPQRSTUVWXYZ	密文：ABCDEFGHIJKLMNOPQRSTUVWXYZ
密文：ABCDEFGHIJKLMNOPQRSTUVWXZY	明文：ABCDEFGHIJKLMNOPQRSTUVWXZY

如果再加上小写英文字母和 10 个数字，那就是 26+26+10=62，可以构造出 62！个不同的单表代替的密码算法，其中也包括了一些“不好的”单表代替。当然还可以再加上各种标点符号等，以构成更大的单表代替的密码算法。

2.1.2　多表代替密码算法

密码算法如下：

明文-密文对照表		密文-明文对照表	
明文：	ABCDEFGHIJKLMNOPQRSTUVWXYZ	密文：	ABCDEFGHIJKLMNOPQRSTUVWXYZ
密文：1	CDEFGHIJKLMNOPQRSTUVWXYZAB	明文：1	YZABCDEFGHIJKLMNOPQRSTUVWX
2	FGHIJKLMNOPQRSTUVWXYZABCDE	2	VWXYZABCDEFGHIJKLMNOPQRSTU
3	PQRSTUVWXYZABCDEFGHIJKLMNO	3	LMNOPQRSTUVWXYZABCDEFGHIJK
4	GHIJKLMNOPQRSTUVWXYZABCDEF	4	UVWXYZABCDEFGHIJKLMNOPQRST
5	VWXYZABCDEFGHIJKLMNOPQRSTU	5	FGHIJKLMNOPQRSTUVWXYZABCDE

约定第 1 个明文字母用密文 1（也称为代替表 1）代替，第 2 个明文字母用密文 2 代替，第 3 个明文字母用密文 3 代替，第 4 个明文字母用密文 4 代替，第 5 个明文字母用密文 5 代替，每 5 个字母一组。第 6 个明文字母又返回用密文 1 代替……以此类推，直至将明文完全加密。

实例 2-2：

明文：the quick brown fox jumps over the lazy dog。

整理：THEQUICKBROWNFOXJUMPSOVERTHELAZYDOG。

密文：VMTWPKHZHMQBCLJZOJSKUTKKMVMTRVBDSTB。

整理：12345 VMTWP KHZHM QBCLJ ZOJSK UTKKM VMTRV BDSTB。

注意，这时的密文多了一组“12345”。多表代替密码算法提高了破译难度，但只要代替表有限，提高的难度并不大。

上面介绍了多表代替密码算法，希望通过直观方法引出下面两个概念.

2.1.2.1　密钥

密钥一般定义如下：密钥是一种参数，它是指在将明文转换为密文时或在将密文转换为明文时密码算法中输入的参数（这个定义具有普适性，对称密钥密码体制和非对称密钥密码体制均适用）。

密钥的直观解释如下：密钥可理解为**密码算法工作的起始状态**；密钥是变化因素，可以任意规定变化周期；密钥可以有多个或多层，从而构成一个密钥体系，每个或每层密钥的变化周期都可以不同（下文还要涉及）。

上例中的“12345”就是该例多表代替密码算法的密钥，或曰该例中多表代替密码算法工作的起始状态。这 5 个数字可以任意排列，如排列为“21435”，表示第 1 个明文字母用密文 2 代替，第 2 个明文字母用密文 1 代替，第 3 个明文字母用密文 4 代替，第 4 个明文字母用密文 3 代替，第 5 个明文字母用密文 5 代替，每 5 个字母一组；第 6 个明文字母又返回用密文 2 代替……以此类推，直至文本全部加密完成。就这个多表代替密码算法而言，其密钥变化量为 5 个数字的全排列，共有 5！=5×4×3×2×1=120 种。

可见，传统密码体制有两个要素：一是密码算法，二是密钥。密码算法需要保护，密钥也需要保护。比如，在上例中，可以编制出一张密钥表，约定每天用 1 个密钥，120 天共用 120 个密钥，之后循环使用，密钥表可通过保密途径分发至通信各方。从这种观点来看，2.1.1 节介绍的单表代替密码算法，其密钥只有一个。

2.1.2.2　明文空间、密文空间、密钥空间和它们的秩

在实例 2-1 中，明文空间有 26 个英文大写字母，或者从另外角度来看，将 A、B、…、

Y、Z 变为数字 0、1、…、24、25，明文空间则有 0～25 共 26 个数字。所谓秩，就是指空间中不同元素的个数，这里明文空间的秩是 26。同理，该例中密文空间同明文空间一样，也是 26 个英文大写字母，或者 0～25 共 26 个数字，秩也是 26。而密钥空间则有 5 !=5×4×3×2×1=120 个不同元素，秩为 120。

2.1.3 五花八门的代替

例如，一种曾经广泛使用的 Playfair 密码，如图 2.2 所示。

A	Q	G	C	O
R	D	Y	J	X
P	S	B	U	M
I	E	K	T	F
Z	N	L	H	V

图 2.2 Playfair 密码

Playfair 密码是由英国人查尔斯 • 惠斯通（Charles Wheatstone）于 1854 年发明的。实际使用代替表时，W 以两个字母 VV 代替，这样在理论上有 25!个代替表。利用这个特性可以制作密钥，即编制 25！个不同的代替表，同时给每个代替表编号，每次使用一个代替表，直至使用完，并可规定使用方法，比如规定明文以单个字母为加密单位时，明文字母用这个字母右边的字母代替，最右一列的右边字母是最左一列的字母；当然也可以规定用左边的字母代替；还可以规定用隔一列的右边字母代替……又比如，明文以两个字母为加密单位时，如果两个字母在表上同一行上，则各自用右边的字母代替；如果两个字母是在同一列上，则各自用下面的字母代替，表中最右一列与最左一列视为相邻列，表中最下一行与最上一行视为相邻行；如果两个字母处于表中对角线位置，则用对称对角线位置的字母代替……这样规定的使用方法可以五花八门，花样繁多。

实例 2-3：

以两个字母为加密单位，如果两个字母在表上同一列上，则各自用右边的字母代替；如果两个字母在同一行上，则各自用下面的字母代替，表中最右一列与最左一列视为相邻列，表中最下一行与最上一行视为相邻行；如果两个字母处于表中对角线位置，则用对称对角线位置的字母代替；如果是相同的两个字母，比如“AA”，则用“A”右边的字母“Q”代替为“QQ”。

明 文：the quick brown fox jumps over the lazy dog。

整理 1：THEQUICKBROWNFOXJUMPSOVERTHELAZYDOG。

整理 2：THEQUICKBROVVNFOXJUMPSOVERTHELAZYDOGABCD(W用VV代，尾部填充ABCD)。

密　文：HCNDPTGTPYXOZLVXRXMPSBXOIDHCKNRAJYACGPQJ。

整　理：HCNDP TGTPY XOZLV XRXMP SBXOI DHCKN RAJYA CGPQJ。

再比如，可以将 26 个英文大写字母乱序排列，制作成一个具有一定厚度的圆盘，圆盘中间有孔，字母刻在圆盘外边缘上。理论上，可以制作出 26！个这样的圆盘。选 n 个圆盘，这是密钥之一，如 10 个（构成了一个具有 10 个表的多表代替密码算法），穿在一根轴上，转用这 10 个圆盘，将需要加密的第 1 组 10 个明文字母显现在圆盘组的某一行上，然后规定取下面第 m 行，这是密钥之二，如取下面第 3 行的 10 个字母作为密文输出，依次对第 2 组 10 个明文字母加密，直至整个文本加密完毕，最后不足 10 个明文字母的一组，可以选择任意方式填充至 10 个字母。达 • 芬奇密码筒如图 2.3 所示。

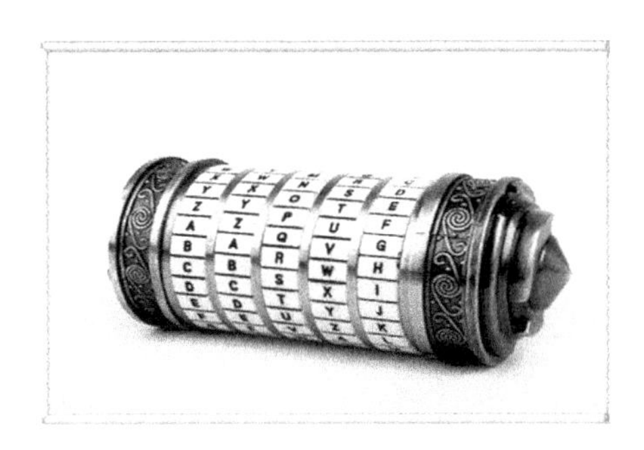

图 2.3　达 • 芬奇密码筒

上面给出的均是实际使用过的代替密码算法，想要说明的是：

① 可以设计出五花八门、千奇百怪、花样繁多的代替密码算法。

② 一个密码体制的密钥可以有多个，而且变化周期不同，从而构成一个密钥体系。

③ 实例 2-3 已经有了机械密码设计思想的雏形，虽然它在编码理论上没有突破，但在实现手段上已经比纯粹的手工密码前进了一步。

2.1.4　密本

密本是一种特殊的代替作业密码，出现年代很早，使用时间很长，使用范围很广。

先看一个简单的例子。莫尔斯电码（1999 年停用）发明后，早期只对 26 个字母和 10 个数字进行了编码。但是中文怎么办？1873 年，法国驻华人员威基杰（S.A.Viguer）参照《康熙字典》，将常用的近 7000 个汉字（还包括一些符号）按部首排列，每个汉字（包括一些符号）用 4 个 0～9 的数字表示，编制成册。理论上讲，4 个 0～9 的数字可以表示出 10×10×10×10=10000（可重复的排列组合）个汉字或符号。这就是一种密本。但是由于这个密本是公开的，所以称为中文明码电码本。在我国，这个英文明码电码本一直使用到 20 世纪 80 年代后期才逐步退出历史舞台。

其他语言的密本可以以此类推，比如将常用的几千个英文单词按字母序排列，每个英文单词用 3 个（或 n 个，但 n 一般不会太大；还可以是不等长的 m 个）乱序的英文大写字母表示，编制成册，保密分发，保密使用。理论上讲，3 个英文大写字母可以表示出 26×26×26=17576 个英文单词，这已足够了。为了提高密本的破译难度，还想出了很多花招，比如对常用的英文音节，诸如 the、tion、ment 等，用多组 3 个乱序的英文大写字母表示，等等。

还有一种变异的密本（以英文为例），通信多方均持有同一本英文书籍，进行保密通信时，将通信文本按一个个单词顺序列出，在英文书籍中找出第某页第某行第某个相同的单词，随后将页号、行号、个号发出，发出的是一组组数字，表示的是一个个单词。

为了提高密本破译难度，密本越编越庞大，越编越复杂，加密和解密工作越来越繁重，加密和解密往往各自需要使用一个密本（参见 2.1.1 节和 2.1.2 节的明文-密文对照表和密文-明文对照表），这对密本的管理，包括分发、保管、销毁等，也带来了诸多不便。能否找出一种办法，使密本的编制不必太过庞大复杂，并且其破译难度又能明显提高呢？人们想出了“密本+乱数”的办法。仍以中文明码电码本为例，密本有了，而且不复杂，很多译电员都可以背下这个密本。用这个密本加密一份含有 n 个汉字的文本，得出的是 n 组由 4 个 0～9 数字组成的数字序列，这时的**加密单位是由 4 个 0～9 数字组成的一组不可分割的十进制数字**。另外找出（可以采取任意方法找出，如社会工程学、物理学、数学的方法等）n 组也是由 4 个 0～9 数字组成的数字序列，称为乱数序列，将这两串数字序列对位进行模 10 加，即可得出密文，解密时只需进行模 10 减。另外找出的 n 组也是由 4 个 0～9 数字组成的数字序列（乱数序列），可以预先分发给通信双方，也可以由通信双方根据所采用的相同方法即时生成。总之，通信双方要持有这 n 组由 4 个 0～9 数字组成的数字序列，见下例。

明文：	明	九	时	开	会
中文明码电码本作业：	2494	0046	2514	7030	2582
乱数：	4730	5769	5012	5466	4903
密文：	6124	5705	7526	2496	6485

如果不是使用中文明码电码本，而是使用另外编制的密本，就是真正意义上的“密本+乱数”作业了。

（1）使用这种办法比使用庞大复杂的密本要方便得多。

（2）在这种办法中，密本会在较长的时间内不更换，因此保密强度更依赖于乱数。

（3）这种办法实际上采用了两层代替作业，先是密本代替作业，再是加乱代替作业。

（4）加乱代替作业的概念不仅仅是序列密码设计思想的雏形，而且是序列密码设计思想的实质，下文还会涉及。

以上所举各例，历史上均有实际使用的实例，读者可参见相关文献。

2.2　变换位置——移位密码算法

变换位置，也称为移位作业、变位作业。

2.2.1　基本移位作业

实例 2-4：

密文：乌月天满落霜啼渔江眠愁枫对火城姑寺山苏寒外钟夜船客半到声。

感觉似曾相识，有些面熟，对密文进行如下排列：

1 2 3 4 5 6 7	2 5 1 7 6 4 3
乌月天满落霜啼	月落乌啼霜满天
渔江眠愁枫对火	江枫渔火对愁眠
城姑寺山苏寒外	姑苏城外寒山寺
钟夜船客半到声	夜半钟声到客船

密文按 7 个汉字一组，每组顺序为“1234567”，则密文变换为明文的方式是每组 7 个汉字，按 2517643 重新排列。

这是一种典型的移位作业：（1234567）→（2517643）。

实例 2-5：

中文单字的信息量太大，如果移位作业的基本单位是英文字母的话，就不那么容易看懂和还原了。仍以明文“the quick brown fox jumps over the lazy dog”为例，整理为“THEQUICKBROWNFOXJUMPSOVERTHELAZYDOG”，进行如下变换。

2 5 1 7 6 4 3	1 2 3 4 5 6 7
T H E Q U I C	E T C I H U Q
K B R O W N F	R K F N B W O
O X J U M P S	J O S P X M U
O V E R T H E	E O E H V T R
L A Z Y D O G	Y L G O A D Y

密文：ETCIHUQRKFNBWOJOSPXMUEOEHVTRYLGOADY。

整理：ETCIH UQRKF NBWOJ OSPXM UEOEH VTRYL GOADY。

例如，斯巴达密码棒如图 2.4 所示。

图 2.4　移位密码算法的实现——斯巴达密码棒（Sparta Scytale）

2.2.2　五花八门的移位

例如，一种极简单的移位作业，仍以“THEQUICKBROWNFOXJUMPSOVERTHELAZYDOG”为例。

1	2	3	4	5	6	7
T	H	E	Q	U	I	C
K	B	R	O	W	N	F
O	X	J	U	M	P	S
O	V	E	R	T	H	E
L	A	Z	Y	D	O	G

采用横排竖取：

按 1234567 顺序竖取的密文：TKOOLHBXVAERJEZQOURYUWMTDINPHOCFSEG。

按 2517643 顺序竖取的密文：HBXVAUWMTDTKOOLCFSEGINPHOQOURYERJEZ。

……

这种竖取的取法有 7！=5040 种，这些取法可以作为这种移位密码算法的密钥。例如，还可以采用蛇行取法，即单数列采用自上而下取字母，双数列采用自下而上取字母，之后形成密文，这又增加了 n 种取法。也可以采用斜线取法，比如从左上角向右下角依次取 1、2、3、4、5、5、5、4、3、2、1 个字母，之后形成密文，这又增加了 m 种取法。读者可以想象其他种取法。

又比如，可以设计二次移位密码算法，即将第一次移位作业的结果，再进行第二次移位作业，等等（当然，这要设计得好，不能将二次移位退化为一次移位）。

再比如一种曾经广为流行的移位密码算法：制作一个 $2n \times 2n$ 的棋盘表格，按照一定规则在表格上挖出（$2n \times 2n$）$/4 = n^2$ 个小洞；将明文字母填入一张 $2n \times 2n$ 的表格中，用挖出 n^2 个小洞的棋盘表格覆盖上，小洞中露出的字母按从左至右、从上至下取出，然后转动棋盘表格 90°，按上述原则再取出露出的字母，依次类推，转动 3 次取完 $2n \times 2n$ 个字母作为密文发送。可以通过选择 n 和挖洞的规则，设计出多种这类移位密码算法。

以上所举各例，历史上均有实际使用的案例，读者可参见相关文献。

例如，2015 年 8 月全国大学生第八届信息安全竞赛上，某参赛队的作品提出了一种在云计算环境下保护计算机信息的方法：将计算机中某个文件 A（0、1 比特流）分为固定长度的 A_1、A_2、…、A_n（A_n视情况填充），并进行 B_i=A_i 备份，将 A_i、B_i（i=1，2，…，n）通过某种算法发送至云端；数据在云端的存储一般是分散分布的，因此在云端窃取到的数据一般是不完整的，难以根据窃取的部分 A_x（x=1，2，…，n）和 B_y（y=1，2，…，n）还原出 A；如果 A_x 和 B_y 丢失了部分，但剩下的足够多，设计者可以通过某种算法还原出 A。这本质上也是一种移位密码算法。本例说明变换位置的密码编码思想至今仍有想象的空间。

变换形态和变换位置的密码编码设计思想的影响一直延续到今天。

变换形态和变换位置可以混合使用，利用社会工程学、化学、数学等方法设计的密码变换也可以混合使用，甚至广义密码和狭义密码也可以混合使用。实际中有很多上述密码变换混合使用的实例。

本章小结：了解变换形态和变换位置是密码变换最基本的两种方式，读者应了解何为变换形态、变换位置。

第3章

近代密码学

社会在前进，科学在发展，技术在进步，需求在增长，工业化社会的到来为密码学提供了广阔的发展空间和绚丽的展现舞台。

一方面，到第一次世界大战结束时，世界上所有的密码都是采用手工操作的，明文要由机要员采用手工办法将字母（或音节、单词、短语等）一个个地转换（加密）为密文，密文要由机要员采用手工办法将字母（或音节、单词、短语等）一个个地转换（解密）为明文；转换通常采用查表的方法，加密和解密速度很慢。另一方面，效率低下的手工操作使得许多保密性能更好的密码变换无法实现、无法使用。另外，密码的社会需求也在逐渐扩大，密码原有的政治、军事、外交、经济等应用领域的需求大大增加；新的应用领域，如民用、商业等领域，也对密码应用提出了迫切需求。

工业化的发展，包括科学技术的发展，更包括工业化思维的出现和深化，从可行性方面为一种更加保密、可靠、高效、便捷的密码体制（这里的密码体制，不是从技术体制的角度分类的，而是从实现手段的角度分类的，参见 1.2 节“密码的分类”）的诞生奠定了实现基础。

这种密码体制就是近代密码学的代表——机械密码。

机械密码的大发展时期是第二次世界大战期间，其种类繁多，本书仅简单介绍具有典型意义的三种机械密码机。

3.1 ENIGMA 密码机——机械密码的先驱

第一次世界大战结束前的 1918 年，德国人亚瑟 • 谢尔比乌斯（Arthur Scherbius）设计了一种密码机并向德国政府提出专利申请，随后与其他人共同创立公司，制造和出售这种密码机。亚瑟 • 谢尔比乌斯给这种密码机取名为 ENIGMA，该词源于希腊文，意思是“谜，不可思议的东西”，足见他对于这项发明多么自豪。历史表明，亚瑟 •谢尔比乌斯的自豪完全有理，因为他的这项发明的确是密码学发展史上的一次飞跃。因为 ENIGMA，人类终于迈入机械密码时代（具有划时代的意义）。

ENIGMA 是系列密码机，1925 年开始系列化生产，次年德军开始装备某些型号，随后德国政府机关、国有企业、铁路部门等也陆续使用某些型号。ENIGMA 在第二次世界大战初期

“纳粹德国”的胜利中起到了重要作用，也在后来希特勒的灭亡中扮演了重要角色，因为该密码机最终被英国破译，参加破译该密码机的杰出人员很多，其中就有图灵机的提出者——阿兰·麦席森·图灵（Alan Mathison Turing），如图 3.1 所示。

图 3.1　阿兰·麦席森·图灵

图灵于 1912 年生于英国伦敦，1954 年死于英国曼彻斯特，计算机逻辑的奠基者，诸多人工智能的重要方法也源自这位伟大的科学家，被誉为“计算机科学之父”“人工智能之父”，提出了“图灵机”“图灵测试”等重要概念。人们为纪念他在计算机领域的卓越贡献而专门设立了“图灵奖”。

1946 年，由于他在第二次世界大战中为破译德军密码做出的巨大贡献，获得了“不列颠帝国勋章”（也称为大英帝国勋章），这是英国皇室授予为国家和人民做出巨大贡献者的最高荣誉勋章。

图灵是一名男同性恋者，因为他的同性恋倾向而遭到的迫害使得他的职业生涯尽毁。1952 年，他的同性伴侣协同一名同谋一起闯进图灵的家中盗窃，图灵为此报警，却又因此而扯出他的所谓同性恋身份。英国警方的调查结果使得他被控以“明显的猥亵和性颠倒行为”罪。

他没有申辩，并被定罪。在著名的公审后，他被给予了两个选择：坐牢和女性荷尔蒙（雌激素）注射疗法（当时政府力推以化学手段解决社会问题的所谓“化学阉割”）。为了能够继续进行科学研究，同时也能顾及面子，他最后选择了雌激素注射，并持续一年。在这段时间里，药物产生了包括乳房不断发育的副作用，也使原本热爱体育运动的图灵在身心上受到极大的伤害。在当时的英国，同性恋不仅是一种有伤风俗、不可容忍的法定罪行，而且在充斥着怀疑猜忌、间谍危机和勒索敲诈的“冷战”背景下，还会被当成一种对国家安全的威胁，进而失去清白的“安全记录”。

有人特别向法庭提及并做证，图灵曾获得过大英帝国勋章，是国宝级的科学家，是“当世最精深最纯粹的数学家之一”，但都无济于事，甚至反倒还使“丑闻”升级——当地一家报纸在头条位置报道此事时，用了这样一个标题：“大学教授被处缓刑必须接受化学阉割”。

1954 年 6 月 7 日，图灵被发现死于家中的床上，床头还放着一个被咬了一口的苹果。警方调查后认为是氰化物中毒，调查结论为自杀。

苹果公司的标志一度被认为源于图灵自杀时咬下的半个苹果，如图 3.2 所示。但该图案的设计师和苹果公司都否认了这一说法。

图 3.2　苹果公司标志

多年来，包括霍金在内的著名科学家，都在不断力促英国政府特赦这位“现代最杰出的数学家之一”。

1998 年 6 月 23 日，伦敦市政府在图灵的出生地、他那所故居的迎面墙上镶嵌了一块象征人类智慧与科学的蔚蓝色铜匾，铸刻着计算机科学创始人的名字和出生年月，纪念这位计算机大师诞辰 86 周年，数万人参加了纪念仪式。

2004 年 6 月 7 日，为纪念这位计算机科学与密码学的绝顶天才逝世 50 周年，来自世界各地的数千名学者、学生不约而同地来到曼彻斯特市，聚集在图灵离世前 5 年曾经居住的公寓前。曼彻斯特市政府在这所表面极其普通却因图灵而成为永久历史性建筑的墙上，又隆重镶嵌了一面纪念铜牌，还是蔚蓝色的，上面写着：1912—1954，计算机科学奠基人与密码学家、战争年代“谜”密码破译功臣阿兰·图灵，居于斯，逝于斯。

2009 年 9 月 11 日晚，英国首相布朗代表英国政府向已经逝去 55 年的英国著名数学家、德国密码的破译者图灵做出了明确的道歉。布朗表示，图灵所受到的对待是“骇人听闻的”和“完全不公平的”，英国对这位杰出数学家的亏欠是巨大的。布朗说，他为做出正式的道歉感到自豪。“你没有得到更好的对待，我们深感抱歉”。由布朗签署的声明发布在唐宁街十号网站上。

2013 年 8 月，英国女王正式宣告赦免图灵。2013 年 12 月 24 日，英国女王伊丽莎白二世签署对图灵定性为“严重猥亵”的赦免，并立即生效。司法大臣克里斯·格雷林说图灵应被当之无愧地记住并认可他对战争无与伦比的贡献，而不是对他后来刑事定罪。

3.1.1　ENIGMA密码机的机械构造

ENIGMA密码机是一个装满复杂而精密元件的盒子，主要包括键盘、转轮、显示灯和反射器，其外观如图3.3所示。

图3.3　ENIGMA密码机外观

图3.3中，水平面板的下面部分是键盘，共有26个键，类似于现在计算机使用的键盘，为了使明文尽量简短和难以破译，键盘上的空格和标点符号全部省略。键盘上方是显示灯，由标注了同样字母的26个小灯组成。显示灯上方是3个转轮，它们的主要部分隐藏在面板之下。

3.1.2　ENIGMA密码机的加密/解密流程

发送方与接收方约定好ENIGMA密码机的转轮及其初始位置。

加密流程：

(1)发送方在自己的ENIGMA密码机键盘上逐个字母输入明文并依次记录下每次输入对应显示灯亮位置的字母。

(2) 将依次记录的字母组成的密文发送至接收方。

解密流程：

(1)接收方在自己的ENIGMA密码机键盘上逐个字母地输入密文并依次记录下每次输入对应显示灯亮位置的字母。

(2) 依次记录的字母组成的明文。

3.1.3　ENIGMA密码机的编码原理

ENIGMA密码机采用的是多表代替编码思想，是一个长周期的多表代替密码机，其多表代替密码原理主要依靠多个转轮实现。为了输入/输出方便，配备了键盘和显示灯。每一个转轮代表了26个字母任意一种组合，对应配置了26个接线端，可完成单表代替；每个转轮的输出端均连接到其下一个相邻转轮的输入端。当输入一个明文字母时，信号从第 1 个转轮的输入端进入，依次经过各个相邻的转轮；信号每经过一个转轮时，该转轮会转动一个位置，当转轮转动一个周期（26 次）时，其下一个相邻转轮会转动一个位置，这样一直到最后一个转轮；信号经过最后一个转轮后，再通过反射器回来，即可得到密文。

ENIGMA 密码机专利设计图如图 3.4 所示。

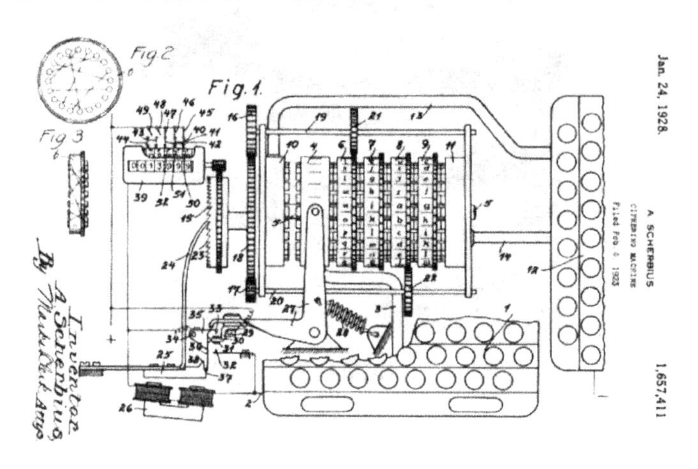

图 3.4　ENIGMA 密码机专利设计图

在 ENIGMA 密码机最原始的设计中，基本配置是 3 个转轮、1 个键盘、1 个显示灯。对于不同的密码机，3 个转轮使用的 26 个字母组合不同，可以看成基本密钥（第 1 层密钥，一段时间不变，故称为基本密钥）；对于同样的密码机，每次加密时重新设置 3 个转轮启动位置，可以看成报文密钥（第 2 层密钥，每报一变，故称为报文密钥）。因此，ENIGMA 密码机的密钥空间很大，在当时还只能依靠手工进行求解计算的情况下，几乎是不可能穷尽破译的。

二战时期的德军在使用 ENIGMA 密码机期间，不断对其进行改进升级，增大密钥空间、增强密钥的不可预测性，具体方法有增加转轮个数、拆卸转轮、使用连接板等。

3.2　紫密密码机——机械密码的改良

紫密密码机是第二次世界大战期间日本使用的最重要的密码机，如图 3.5 所示。“紫密”是美国人的命名，日本人的称呼是“97 型欧文打字机”（“97”指日本纪元二五九七年，“欧文”指其输入/输出为 26 个拉丁字母）。美国人似乎喜欢用颜色命名，如各种颜色的革命，又如“深蓝”“更深的蓝”。在“紫密”之前，美国人还依据启用时间和密码强度命名了日本使用的其他密码机，如“橙密”“红密”等。

美国人破译了紫密密码机，制造出了与 97 型欧文打字机外部形状相似、内部结构完全相同的紫密密码机。日本密码的破译在第二次世界大战中起到了重要作用，中途岛战役、暗杀山本五十六战斗等的成功都与密码被破译有着直接关系。

紫密密码机实际上是通过配电板连接在一起的两台电动打字机，一台输入明文，一台输出密文。明文打字机和密文打字机各有 26 个插孔，通过 26 根电线连接。当明文打字机输入 1 个字母后，就会产生 1 个电流脉冲，通过 26 根电线中的 1 根到密文打字机，然后通过密文打字机中的加密盒加密，最后输出 1 个密文字母。

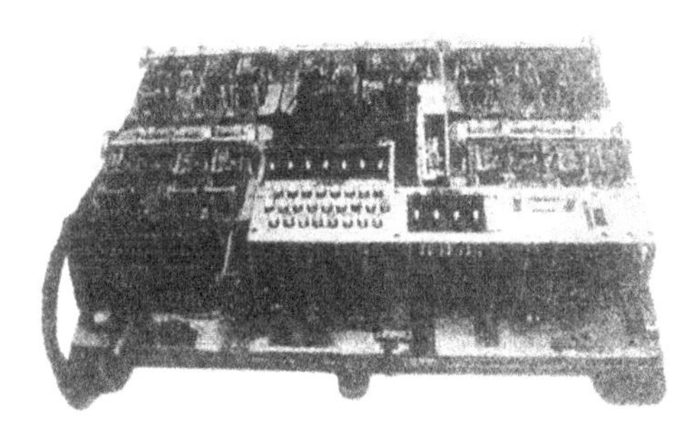

图 3.5　紫密密码机

紫密密码机的加密主要基于以下两个原理。

（1）电线排列顺序：26 根电线的排列顺序就是一种变换，产生的结果就是，当明文打字机输入某一字母时，密文打字机加密盒收到的可能是 26 个字母中的任意一个。

（2）加密盒加密：加密盒主要由 4 个转轮组成，每个转轮都是 1 个线路转换器，明文打字机产生的电流脉冲每经过 1 个转轮就转换 1 次线路，即变换 1 次密文，且每个转轮的转动格数和转动方向都不一致。故每个密文通过 4 个转轮可以构成 $26\times26\times26\times26=456976$ 种不同的通路。

插线排序产生 26！种变换，4 个转轮产生 26^4 个变换，总变换量为 $26!\times26^4$，约 1.84×10^{32}，即紫密密码机是一个变换量为 1.84×10^{32} 的多表代替密码算法。

3.3　M-209 密码机——机械密码的典范

1934 年，瑞士密码学家鲍里斯·哈格林（Boris Hagelin）为法国秘密机构设计一种称为 C-36 的密码机。1938 年，哈格林将 C-36 密码机改进为 C-38 密码机。1940 年，美国军工企业采购了若干台 C-38 密码机，在获得哈格林的授权后做了再次开发并批量生产，随即配发给陆军和海军作为战术级通信保密机，其中，配发给陆军使用的 C-38 密码机的代号为 M-209。

M-209 密码机与 ENIGMA 密码机不同，其最大特点是不用电。M-209 密码机在美国的陆军中颇受欢迎，整部机器只有饭盒大小（83 mm×140 mm×178 mm），重量也只有 2.7 kg，其操作面板如图 3.6 所示。加密和解密时采用手工操作，加密或解密一个字母只需 2～4 s，是当时最快的机械加密设备。

图 3.6　M-209 密码机操作面板

哈格林设计的 C 系列密码机，特别是后来的 C-446、C-52、CX-52 等型号，在很多国家一直使用到 20 世纪 80 年代甚至更晚，而且还在一定程度上影响了早期电子密码的设计实现。

据说，德军当时也破译了 M-209 密码机。1943 年前后，德国的密码分析人员已经能够在 4 小时内破译 M-209 密码机。但是，由于 M-209 密码机主要用于战术级保密通信，因此 3～4 小时后获得的战术级通信情报已没有很大意义了。

3.3.1　M-209 密码机的机械结构

3.3.1.1　圆盘和销钉

M-209 密码机的机械结构如图 3.7 所示，其前轴上有 6 个圆盘，每个圆盘的外缘上从左至右分别刻有 26、25、23、21、19、17 个字母，每个字母下面都有一个销钉（称为针），每个销钉可向圆盘的左侧或右侧凸出来，右凸为有效位置，左凸为无效位置。

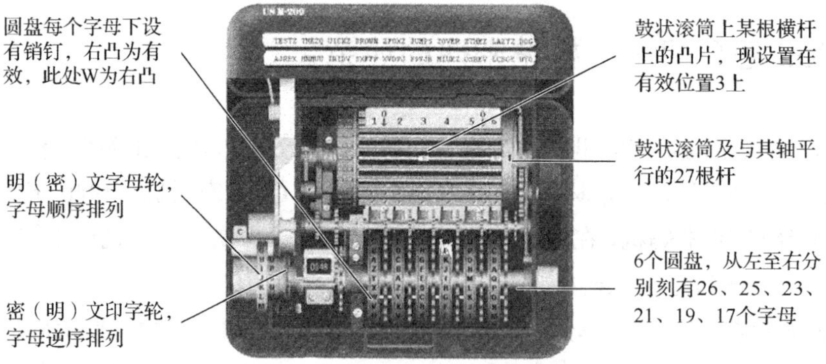

图 3.7　M-209 密码机的机械结构

这些圆盘装在同一根轴上，可以各自独立转动。圆盘 1 上标有 A 到 Z 共 26 个字母（每个字母与一根销钉对应），圆盘 2 上标有 A 到 Y 共 25 个字母，……，圆盘 6 上标有 A 到 Q 共 17 个字母。在使用密码机前，需要将各圆盘上的每根销钉配置好（向右或向左）。

3.3.1.2　鼓状滚筒和凸片

在 6 个圆盘后面有一个空心的鼓状滚筒，称为（凸片）鼓状滚筒。鼓状滚筒上有 27 根与其轴平行的杆，等间隔地配置在鼓状滚筒的外圈上，每根杆上有 8 个可能的位置，其中 6 个位置与 6 个圆盘对准，另外 2 个位置不与任何圆盘对应。

在每根杆上面，有 2 个可移动的凸片，可以将其置于上述 8 个可能的位置（标为 1、0、2、3、4、5、0、6）中任何两个上。如果凸片被置于与 0 对应的位置，则它不起作用，称其为凸片的无效位置，否则称其为凸片的有效位置。当凸片对应圆盘 i（i=1,2,⋯,6）时，凸片可与圆盘 i 的有效销钉接触。

3.3.2　M-209 密码机的操作方法

3.3.2.1　设置基本密钥

首先，把鼓状滚筒上每根杆的凸片配置好；其次，把 6 个圆盘上的销钉配置好，使各个圆盘上的某些销钉是有效的。鼓状滚筒每根杆的凸片配置和每个圆盘上的销钉配置在一段时间保持不变，这是 M-209 密码机的基本密钥（凸片配置和销钉配置非常有讲究，但这已超出本书“浅说”的范围了）。

3.3.2.2　保密通信

发收双方的基本密钥配置应一致，进行保密通信时，按约定选定 6 个字母（如 XTCPMB）作为报文密钥，将 6 个圆盘销钉旁边的 6 个字母拨到黄色指示线上（在 6 个圆盘上方）。于是，加密第 1 个明文字母的基本销钉就是这 6 个字母旁边的销钉。

这样，在转动鼓状滚筒的一个周期内，6 个圆盘保持不动。在此过程中，每个有效销钉都会与相应位置上的每个凸片接触，当 1 个凸片与 1 根销钉接触时，就称该杆被选中。将销钉与凸片按基本销钉给定的位置配置好之后，鼓状滚筒的一次完整的旋转就唯一确定了被选中的杆数。在整个周期中，随着鼓状滚筒的旋转，对基本销钉所选中的杆数进行计数。

如果基本销钉选中杆数为 k，则印字轮就转动 k 格，其效果相当于一个逆序字母表右移 k 位作为加密用的代替表。正因为这样，也将基本销钉选中的杆数 k 称为移位，比如基本销钉选中 4 根杆，则加密的代替表是：

明文字母：ABCDEFGHIJKLMNOPQRSTUVWXYZ。

密文字母：DCBAZYXWVUTSRQPONMLKJIHGFE。

设销钉选中的杆数为 k，要加密的明文字母为 m，加密后的密文字母是 c，则 M-209 密码机的加密和解密可以用以下同余式表示。

加密同余式：$c \equiv 25 + k - m(\mathrm{mod}\ 26)$

解密同余式：$m \equiv 25 + k - c(\mathrm{mod}\ 26)$

可见，M-209 密码机的加密变换和解密变换是一致的。

M-209 密码机上有一条明显的线，称为消息指示线。加密前，事先取定 6 个字母，称为起始字母（报文密钥）。将 6 个圆盘按这 6 个字母分别拨到指示线，就确定了加密开始时所用的一组基本销钉。发送方可以每报变更一次报文密钥，报文密钥可通过安全方式传送至接收方。

需要指出的是，由于消息指示线和销钉传动装置分别位于圆盘的上、下两侧，所以当消息指示线的字母为 AAAAAA 时，真正起作用的是字母 PONMLK 对应的销钉。

抽象地讲，M-209 密码机通过机械装置及其配置，每运行一个周期产生一个数字 k（k=0, 1,2,⋯,25），在这个周期中明文字母 m（设 A 对应 0，B 对应 1,⋯,Y 对应 24，Z 对应 25，也就是 0～25 的数字）用一个逆序字母表右移 k 位的代替表加密成密文字母 c（mod 26 后也就是 0～25 的数字），用同余式表示就是 $c \equiv 25 + k - m(\mathrm{mod}\ 26)$。

设明文字母序列 M 为 $m_1, m_2, \cdots, m_n$。M-209 密码机在基本密钥和报文密钥设定后产生的乱数序列 K 为 $k_1, k_2, \cdots, k_n$，密文字母序列 C 为 $c_1, c_2, \cdots, c_n$。

注意，K 是独立生成的，M 与 K 经过简单可逆运算得到 C，在 C 的形成过程中，M、K 均作为不可分割的**独立体**参与可逆运算。这是典型的序列密码（序列密码概念见第 4 章）。在序列密码中，当 2 个（n 亦然，以 2 为例）明文序列不同而乱数序列相同时，相对应的 2 个密文序列的对位差是 2 个明文序列的对位差；当 2 个（n 亦然，以 2 为例）乱数序列不同而明文序列相同时，相对应的 2 个密文序列的对位差即 2 个乱数序列的对位差。

3.3.3 M-209 密码机的密码特性

3.3.3.1 M-209 密码机的周期

M-209 密码机采用一种周期多表代替密码算法，在设定基本密钥和报文密钥后，因为 M-209 密码机的 6 个圆盘上字母数不同且两两互素，所以 M-209 密码机的最大周期为 26×25×23×21×19×17=101405850，即最多在加密 101405850 个明文字母后，6 个圆盘就回到加密初始的位置（基本密钥设置不好产生不了最大周期）。

M-209 密码机的实际周期还依赖于销钉的位置，例如，当 6 个圆盘的销钉均取有效位置或无效位置，那么，每次转动之后都得到相同选中杆数，此次 M-209 密码机将退化为单表代替。又如，若选择圆盘 1 上销钉的位置为左/右相同排列时，因圆盘 1 的销钉总数是偶数（即 26），所以鼓状滚筒每转两圈，圆盘 1 就回到初始位置了，此时，M-209 密码机最大可能的周期仅为 2×25×23×21×19×17=7800450。

3.3.3.2　M-209 密码机的密钥

M-209 密码机的密钥由 6 个圆盘的 26+25+23+21+19+17=131 根销钉位置及 27 根杆上的凸片排列位置给定。每根销钉可能的位置为 2，其可能的选取方式有 $2^{131} \approx 2.72 \times 10^{39}$ 种。每根杆上有 2 个凸片，而在 6 个有效位置上可能的排列数为 $C_6^0 + C_6^1 + C_6^2 = 22$ 种方式。

每根杆可以在这 22 种方式中任意选取 1 种，可能的组合为：

$$C_{27+22-1}^{27} = \frac{48!}{27! \times 21!} \approx 2.23 \times 10^{13}$$

因此，M-209 密码机可能的密钥选取数为：

$$2.72 \times 2.23 \times 10^{13} \times 10^{39} = 6.066 \times 10^{52}$$

当然，并非其中每一种都是可取的，可用的密钥数远小于上面的可能值，应该选择那些使代替表周期足够大的密钥。

综合第 2 章和第 3 章介绍的初步知识，可以探讨加密单位和解密单位的概念。

所谓加密单位或解密单位，从严格意义上讲应该是需要加密的明文信息的单位或加密后的密文信息的单位。

以上多例中加密或解密单位是单个字母，但是也不尽然，2.1.3 节中有一例的加密（解密）单位是不可分割的两个字母，2.1.4 节中有一例的加密（解密）单位是由 4 个 0～9 数字组成的一组不可分割的十进制数字。第 4 章还会看到加密（解密）单位是由 1 比特、8 比特组成的一组不可分割的 ASCII 码，由 16 比特组成的一组不可分割的汉字的计算机表示，以及 8、16、32、64、128……比特组成的一组不可分割的计算机位长，等等。

以上各例中加密单位和解密单位均是一致的，但是第 4 章中，加密单位和解密单位可能不一致，比如加密单位是 64 比特，而解密单位可能少于 64 比特（压缩）或多于 64 比特（扩展）。

本章小结：手工密码向机械密码的演变是历史的必然，ENIGMA 密码机是机械密码的先驱，M-209 密码机是机械密码的典范。

第4章 现代密码学

社会还在前进，科学还在发展，技术还在进步，需求还在增长，信息化社会的到来为密码学提供了更加广阔的发展空间和更加绚丽的展现舞台。

从手工密码向机械密码的演变可以自然而然地推断出机械密码必然向电子密码演变，这是从实现手段上而言的。在信息化社会中，电子技术、计算机技术等IT技术的蓬勃发展，为更新一代密码的实现提供了肥沃的思想土壤和无尽的想象空间，这是从技术体制上而言的。

电子密码的出现大概在20世纪50年代前后。当时，电子管技术已经完全成熟，晶体管技术也基本成熟，有可能实现密码的电子化和密码机的小型化；密码编码理论研究和公开化讨论逐步活跃，线性移位寄存器、非线性逻辑等与密码编码理论和实践密切相关的研究论文见诸于各种学术刊物中。但是，现代密码学的真正标志，非20世纪70年代前后出现的数据加密标准DES和公开密钥密码算法RSA莫属。

4.1 HASH函数

20世纪70年代以来，网络逐步普及，人类社会进入信息化时代。自此，电子文件大量出现，其安全性从一开始就令人担忧。电子文件的安全问题之一是电子文件的完整性。所谓完整性，主要是指电子文件是否有部分改动、删除或插入，包括无意的（如粗心大意），更包括恶意的（如病毒、木马）。在社会客观需求的推动下，经过包括密码学家在内的大批学者的共同努力，创造性地设计出了可满足消息完整性验证的密码算法——HASH函数。密码学再一次证明了它具有帮助人类解决安全问题的能力（电子文件都应采用HASH函数计算HASH值）。

HASH函数既可以用于明文消息，也可以用于密文消息，但更多地用于明文消息，因为如果密文消息有部分改动、删除或插入，可能造成无法正确解密，容易被识别。

HASH函数也称为散列函数、杂凑函数、摘要函数、压缩函数等，但都不贴切。如同气功中的“气”，翻译为“空气”“氧气”“二氧化碳气”等，不仅不贴切了，而且不对；又如老子《道德经》中的“道”，翻译成“道德”“道理”“道路”等，都不好。因此，对于“气”“道”等的翻译，还是音译为好，之后进行解释和说明。HASH函数亦然。可将任意长度的消息经过数学运算，最终变换为一个固定长度数值——通常称为 HASH 值，数学表述式为：

$$h=H(M)$$

式中，M 为任意长度的消息，h 为固定长度的 HASH 值，H 表示 HASH 函数（HASH 函数有点压缩的意思，也有点摘要的意思，还有点加密的意思，等等）。

HASH 函数应具备以下关键特性：

（1）单向性。利用 HASH 函数可以简单迅速计算出不定长度明文的定长 HASH 值；但反过来，由定长 HASH 值反向计算出它的一个明文输入是不可行的，即通过 h 直接构造消息 M'，使得 $h=H(M')$在计算上是不可行的。这一性质在统计上基本确保每一个 HASH 值对应唯一的输入值。

（2）抗碰撞性。不同明文输入得到相同 HASH 值的事件，称为 HASH 函数的碰撞。抗碰撞性就是指抵御这种事件发生的能力，抗碰撞性可分为弱抗碰撞性和强抗碰撞性。所谓弱抗碰撞性，是指对于任意给定的消息 M，在计算上难以找到 M'满足 $H(M)=H(M')$；所谓强抗碰撞性，是指在计算上难以寻找出任意一对消息 M 和 M'，使之满足 $H(M)=H(M')$（由 HASH 函数概念可知，HASH 函数产生碰撞是必然的。

（3）映射分布均匀性和差分分成均匀性。每个 HASH 值中的“0”“1”比特数应大致相等；输入消息中任意的一个比特发生变化，对应的 HASH 值中将有一半以上的比特改变；要实现使 HASH 值出现一个比特的变换，则输入消息中至少有一半以上的比特必须发生变化。总之，要使输入消息中每一个比特的信息尽量均匀地映射到 HASH 值的每一个比特上；反之，HASH 值的每一个比特应该是消息中所有比特综合的结果。

4.1.1 HASH 函数代表之一——MD5 算法

4.1.1.1 MD5 算法

消息压缩值算法 MD5 是麻省理工学院（MIT）计算机科学实验室的 R.Rivest 提出的，它被互联网（Internet）电子邮件保密协议（PEM）指定为消息压缩值算法（Message Digest Algorithm）之一，用于数字签名前对消息进行安全的压缩（Secure Hashing）。该算法可将任意长度的消息压缩为 128 bit，然后进行数字签名。R.Rivest 在 1990 年的欧洲密码年会上提出了 MD4，MD5 是 MD4 的改进，比 MD4 稍慢，但安全性提高了很多。美国国家标准和技术局（NIST）又对 MD5 做了修改，修改后的算法称为 SHA，作为美国联邦安全压缩标准（Secure Hash Standard，SHS）规定的算法。SHA 输入消息的长度小于或等于 2^{64} bit，输出 160 bit 的压缩值。

MD5 在 32 位计算机上的计算速度极快，不需要任何大的代替表，实现该算法的机器代码也非常紧凑。一般认为DES可用来计算消息压缩值。同样，有的消息压缩值算法也可用来构建分组密码。因为MD5计算速度快，有人提议以它为基础来构建快速软件分组密码体制。

在基于开放互连网络的应用中，MD5的客体识别标志为：

```
MD5 OBJECT IDENTIFIER::=
{iso(1)member-body(2)US(840)rsadsi(113549)
Digestalgorithm(2)5}
```

在X.509类型算法识别标志中，MD5的参数应为NULL类型。

设输入消息为 t 个比特，即 $b_0,b_1,\cdots,b_{t-1}$，按下列五步可计算消息压缩值。

（1）附加填补比特。在消息的后面填补1个“1”，然后填补“0”，直到消息的比特长度模512余448为止。

（2）附加消息长度。用64比特表示消息长度 t，放在填补比特之后。如果 $t \geqslant 2^{64}$，则取 t 的低位64比特，t 的最低比特位放在最左边，最高比特位放在最右边。经这个步骤后，消息的比特数为512的倍数，其字（32比特）数为16的倍数，把这些字记作 $M[0],M[1],\cdots,M[n-1]$，n 为16的倍数。

这两步同MD4完全一样。

（3）初始化MD寄存器和常数定义。用4个32位寄存器A、B、C、D计算消息压缩值，4个寄存器的初值（十六进制表示）为：

A: 0x01234567。

B: 0x89abcdef。

C: 0xfedcba98。

D: 0x76543210。

MD5算法可分为四层，每层包括16个变换，每个变换使用了3个常数，64个变换使用的常数如下。

① 64个加常数。64个加常数由 $2^{32}\times|\sin(j+1)|$ 生成，其中 $0 \leqslant j \leqslant 63$，以弧度为单位。

j	y[j]	j	y[j]	j	y[j]	j	y[j]
0	d76aa478	16	f61e2562	32	fffa3942	48	f4292244
1	e8c7b756	17	c040b340	33	8771f681	49	432aff97
2	242070db	18	265e5a51	34	6d9d6122	50	ab9423a7
3	c1bdceee	19	e9b6c7aa	35	fde5380c	51	fc93a039
4	f57c0faf	20	d62f105d	36	a4beea44	52	655b59c3
5	4787c62a	21	02441453	37	4bdecfa9	53	8f0ccc92

6	a8304613	22	d8a1e681	38	f6bb4b60	54	ffeff47d
7	fd469501	23	e7d3fbc8	39	bebfbc70	55	85845dd1
8	698098d8	24	21e1cde6	40	289b7ec6	56	6fa87e4f
9	8b44f7af	25	c33707d6	41	eaa127fa	57	fe2ce6e0
10	ffff5bb1	26	f4d50d87	42	d4ef3085	58	a3014314
11	895cd7be	27	455a14ed	43	04881d05	59	4e0811a1
12	6b901122	28	a9e3e905	44	d9d4d039	60	f7537e82
13	fd987193	29	fcefa3f8	45	e6db99e5	61	bd3af235
14	a679438e	30	676f02d9	46	1fa27cf8	62	2ad7d2bb
15	49b40821	31	8d2a4c8a	47	c4ac5665	63	eb86d391

② 64个移位常数如下。

```
s[0 ..15]={ 7,12,17,22, 7,12,17,22, 7,12,17,22, 7,12,17,22}
s[16..31]={ 5, 9,14,20, 5, 9,14,20, 5, 9,14,20, 5, 9,14,20}
s[32..47]={ 4,11,16,23, 4,11,16,23, 4,11,16,23, 4,11,16,23}
s[48..63]={ 6,10,15,21, 6,10,15,21, 6,10,15,21, 6,10,15,21}
```

③ 64个字位置常数如下。

```
z[0 ..15]={0,1,2,3,4,5,6,7,8,9,10,11,12,13,14,15}
z[16..31]={1,6,11,0,5,10,15,4,9,14,3,8,13,2,7,12}
z[32..47]={5,8,11,14,1,4,7,10,13,0,3,6,9,12,15,2}
z[48..63]={0,7,14,5,12,3,10,1,8,15,6,13,4,11,2,9}
```

（4）以16个字为单位对消息进行处理。先定义4个辅助函数，每个函数都以3个32比特字作为输入，输出1个32比特字。

$$F(X,Y,Z)=(X\&Y)|(\sim X\&Z)$$

$$G(X,Y,Z)=(X\&Z)|(Y\&\sim Z)$$

$$H(X,Y,Z)=X\oplus Y\oplus Z$$

$$I(X,Y,Z)=Y\oplus (X|\sim Z)$$

将$M[0]$、$M[1]$、…、$M[n-1]$按16个字为单位进行分组。

对第i=0至$(n/16)-1$个分组逐一进行下列处理。

① 对于j=0～15，令$X[j]=M[i\times16+j]$。

② 令AA=A，BB=B，CC=C，DD=D。

③ 进行下列四层变换。

```
for(j=0;j<=15;j++)
{
    temp =B+((A+F(B,C,D)+X[z[j]]+y[j])<<<s[j]);
    (A,B,C,D)=(D,temp,B,C);
}

for(j=16;j<=31;j++)
{
    temp =B+((A+G(B,C,D)+X[z[j]]+y[j])<<<s[j]);
    (A,B,C,D)=(D,temp,B,C);
}

for(j=32;j<=47;j++)
{
    temp =B+((A+H(B,C,D)+X[z[j]]+y[j])<<<s[j]);
    (A,B,C,D)=(D,temp,B,C);
}

for(j=48;j<=63;j++)
{
    temp =B+((A+I(B,C,D)+X[z[j]]+y[j])<<<s[j]);
    (A,B,C,D)=(D,temp,B,C);
}
```

令 A=A+AA，B=B+BB，C=C+CC，D=D+DD。

（5）输出。将（A,B,C,D）作为消息压缩值输出，输出顺序为从 A 的最低字节位至 D 的最高字节位。

上述五步即可完成 MD5 算法。

实例 4-1：

```
MD5("abb")=ea01e5fd8e4d8832825acdd20eac5104
MD5("abc")=900150983cd24fb0d6963f7d28e17f72
```

4.1.1.2　王小云教授和 MD5 算法

2004 年 8 月，在美国加州圣芭芭拉召开的国际密码学会议（CRYPTO 2004）上，王小云教授首次宣布了她及其研究小组的研究成果——对 MD4、MD5、HAVAL-128 以及 RIPEMD 四个著名 HASH 算法的破译结果。在公布到第三个结果时，会场上已是掌声四起。报告结束后，所有与会专家对王小云教授的杰出工作报以长时间的掌声，有些学者甚至起立鼓掌以表示他们的祝贺和敬佩，这在国际密码学大会上是极为罕见的。王小云教授的报告宣告了固若金汤的世界通行的 HASH 标准 MD5 堡垒突然坍塌，引发了密码学界的轩然大波。会议总结报告中写道："我们该怎么办？MD5 被重创了，它将从应用中淘汰。SHA-1 仍然活着，但也见到了末日。"

王小云教授对 MD5 的破译不是像一般人想象的那样，即可以根据消息的 HASH 值计算还原出原始消息，她只是向世界证明了 MD5 具有抗碰撞性不足的安全弱点。在 MD5 算法中，512 比特的输入（输入的数据经过填充至少是 512 比特的倍数，故这里以 512 比特为例）得到 128 比特的输出，即输入空间是 2^{512}，输出空间是 2^{128}。由于 $2^{512}/2^{128}=2^{384}$，即有 2^{384} 个不同输入会产生相同的输出，即产生碰撞，碰撞概率的确很高。但是注意，这一概率是所有 HASH 函数的一个固有特性，因为 HASH 函数首先是一个压缩函数。MD5 作为 HASH 算法的一种，在设计时充分考虑了其抗碰撞性，即要快速找到一个碰撞是非常不容易的。王小云教授工作的关键是她能够快速找到这种碰撞，即可以快速对文件信息进行修改而保持 HASH 值不变。她通过对 MD5 函数的深入研究，自主创设了"比特跟踪法""模差分方法""明文修改技术"等技术，在一定条件下实现了 MD5 算法的快速碰撞，可以在很短的时间内找到了另一组可以产生相同 HASH 值的消息。

这一成果的公开发表，对 MD5 算法的实际应用形成了重大挑战。采用 MD5 算法进行认证的应用，如数字签名等，可能受到攻击，恶意攻击者具备在短时间内篡改和仿冒签名的能力，这对互联网的安全产生了极大的威胁。

4.1.2 HASH 函数代表之二——SHA-1 算法

4.1.2.1 SHA-1 算法

较早提出的 HASH 函数是 MD4 和 MD5（MD，Message Digest，消息摘要），但在实践中使用较多且表现出色的 HASH 函数则是 SHA-1。SHA-1（Secure Hash Algorithm）由美国国家标准技术局（NIST）和美国国家安全局（NSA）设计，作为美国联邦安全 HASH 标准（Serure HASH Standard，SHS）规定的算法。由于其设计有美国政府背景，也有人称其为"白宫算法"。

SHA-1 算法可以将任意长度小于 2^{64} 比特的输入消息，经过数学运算后变换为长度为 160 比特的 HASH 值。以下举例介绍。

为阅读方便，下面给出了二进制的十六进制表示（上排是二进制，下排是十六进制）。

0000	0001	0010	0011	0100	0101	0110	0111	1000	1001	1010	1011	1100	1101	1110	1111
0	1	2	3	4	5	6	7	8	9	a	b	c	d	e	f

（1）整理输入消息。对输入消息进行补位，首先补一个“1”，然后补若干个“0”，直到整个长度满足对 512 取模后的余数是 448，即补位后的消息长度%512=448。然后将原始数据的长度以 64 位的二进制表示，填充到补位后的输入消息后面，从而使输入消息的总长度为 512 比特的倍数（448+64=512）。

（2）初始化寄存器。SHA-1 算法用了 5 个 32 比特寄存器 H_0、H_1、H_2、H_3和 H_4，首先要初始化：

H_0=0x67452301

H_1=0xEFCDAB89

H_2=0x98BADCFE

H_3=0x10325476

H_4=0xC3D2E1F0

（3）以 16 个字（16×32=512 比特）为单位对消息进行处理。首先将消息按 512 比特分为 n 组，分别设为 $M_1,M_2,\cdots,M_n$，然后依次进行处理。整个算法包含四层，每层包括 20 个独立操作，每层使用了一个辅助函数（f_t）和一个常数（k_t）。

第 1 层：当 $0\leqslant t\leqslant 19$ 时，

$$f_t(B,C,D)=(B\wedge C)\vee((\square B)\wedge D),\quad K_t=0\text{x5A827999}$$

第 2 层：当 $20\leqslant t\leqslant 39$ 时，

$$f_t(B,C,D)=B\oplus C\oplus D,\quad K_t=0\text{x6ED9EBA1}$$

第 3 层：当 $40\leqslant t\leqslant 59$ 时，

$$f_t(B,C,D)=(B\wedge C)\vee(B\wedge D)\vee(C\wedge D),\quad K_t=0\text{x8F1BBCDC}$$

第 4 层：当 $60\leqslant t\leqslant 79$ 时，

$$f_t(B,C,D)=B\oplus C\oplus D,\quad K_t=0\text{xCA62C1D6}$$

其中，⊕、∧、∨、□分别表示异或、与、或、非运算。

现在开始处理 M_i（i=0,1,…,n），需要进行以下步骤。

① 将 M_i 分成 16 个 32 比特字 $W_0,W_1,\cdots,W_{15}$。

② 对于 t=16 到 79，令 $W_t=(W_{t-3}\oplus Wt_{-8}\oplus W_{t-14}\oplus W_{t-16})<<<1$（循环左移 1 位），即 $W_{16}=(W_{13}\oplus W_8\oplus W_2\oplus W_0)<<<1$，余类推。

③ 令 $A=H_0$，$B=H_1$，$C=H_2$，$D=H_3$，$E=H_4$。

④ 对于 t=0 到 79，执行下面的循环：

TEMP=$(A)<<<5+f_t(B,C,D)+E+W_t+K_t$，$E=D$，$D=C$，$C=(B)<<<30$，$B=A$，$A$=TEMP

⑤ 令 $H_0=H_0+A$，$H_1=H_1+B$，$H_2=H_2+C$，$H_3=H_3+D$，$H_4=H_4+E$。

在处理完所有的 M_n 后，HASH 值是一个 160 比特的字符串，以下面的顺序级联表示：$H_0 \| H_1 \| H_2 \| H_3 \| H_4$，至此 SHA-1 运算结束。

实例 4-2：

```
SHA-1("ABB")=C64D3FCDE20C5CD03142171E5AC47A87AA3C8ACE。
SHA-1("ABC")=A9993E364706816ABA3E25717850C26C9CD0D89D。
```

4.1.2.2　SHA-1 算法破解历程

SHA-1 算法自公布之日起，对其攻击方法的研究就一直没有停止过。

2005 年，中国著名的密码学家王小云教授联手姚期智（图灵奖获得者，中国科学院院士）夫妇，提出了一种破解方法，将破解 SHA-1 的时间从 2^{69} 步缩减到 2^{63} 步；2013 年，阿姆斯特丹 CWI 研究所的 Marc Stevens 将破解计算量降低到 2^{61} 步；2016 年，Marc Stevens 再次将破解计算量降低至 $2^{57.5}$ 步；2017 年 2 月 23 日，阿姆斯特丹 CWI 研究所的 Marc Stevens 等与谷歌公司的 Elie Bursztein 等宣布，经过 9223372036854775808 次演算后，他们攻破了 SHA-1 算法作为证明，他们发布了两个具有相同 SHA-1 的 HASH 值但具有不同内容的 PDF 文档，他们的攻击利用了谷歌的技术专长和云基础设施，是迄今为止完成的最大计算量之一。

4.1.3　HASH 函数应用——Windows 登录口令密码

Windows 操作系统自问世以来，就向使用该系统的用户提供了一项保护措施——用户账户和登录口令。当首次安装操作系统时，要求设置一个系统管理员账户的登录口令，通常系统管理员账户默认为 Administrator；安装完操作系统并首次登录后，可以再添加新的用户账户名并为其设置登录口令，这些账户可以根据用户的兴趣爱好设定，登录口令则选择自己知道而他人不易知道的数字、字母组合以保证安全。本节介绍 Windows 操作系统对登录口令进行正确性判断的密码学原理。

4.1.3.1　Windows 登录的安全机制

Windows 系统为了保护登录口令的安全，不在系统中以明文的形式存储登录口令。如果登录口令以明文形式存储在系统中，无论何人，直接登录系统后都可以轻松得到登录口令。为使口令不以明文形式出现又能完成用户登录口令的认证功能，Windows 操作系统采取如下安全机制。

（1）登录口令存放机制。对于 Windows 95/98/me 操作系统，登录口令在被加密后存储在一个后缀名为.pwl 的文件中；对于 Windows NT/2000 以后的操作系统，登录口令在被加密后存储在系统注册表的 SAM 中。

（2）登录口令认证机制。当登录计算机为单机或处于工作组环境时，用户登录过程的登录口令认证由当前计算机完成；当登录计算机处于域环境时，如果用户为非域用户登录，登录口令认证由当前计算机完成，否则将交由充当域控制器的服务器完成。

Windows XP 操作系统登录界面如图 4.3 所示。

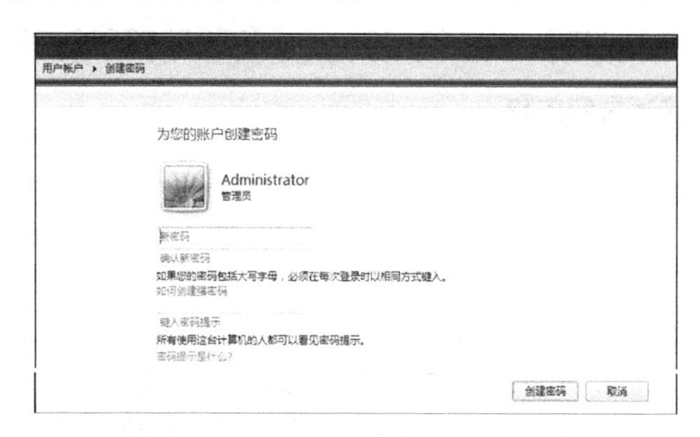

图 4.1　Windows XP 操作系统登录界面

4.1.3.2　Windows 登录口令认证协议

Windows 系统为避免登录口令以明文的形式出现，采用两种算法实现用户身份认证机制：LM 算法和 NTLM 算法，利用这两种算法生成的 HASH 值进行挑战/应答，完成用户身份认证的全过程。

LM 算法只能存储小于或等于 14 个字符的登录口令。如果登录口令大于 14 个字符，Windows 则自动使用 NTLM 算法对其进行加密。一般情况，使用 PwDump 或其他一些 HASH 导出工具导出的 HASH 值都有对应的 LM 和 NTLM 值，例如，图 4.2 所示为利用 PwDump 工具导出的登录口令 HASH 值。对于 Windows XP、Windows 2000 和 Windows 2003 而言，系统默认使用 LM 算法进行加密（也可人为设置为 NTLM 算法）；Windows 7、Windows 8 和 Windows Vista 禁用 LM 算法，默认使用 NTLM 算法。

```
Administrator:500:C8825DB10F2590EAAAD3B435B514
04EE:683020925C5D8569C23AA724774CE6CC:::
用户名为:Administrator
RID 为:500
LM-HASH 值为:C8825DB10F2590EAAAD3B435B51404EE
NT-HASH 值为:683020925C5D8569C23AA724774CE6CC
```

图 4.2　PwDump 工具导出的口令 HASH 值

（1）LM 算法。LM（LAN Manager）算法是 Windows 操作系统最早采用的挑战/应答认证协议，从 Windows 95 开始使用，一直延续到 Windows XP。

在使用 Windows NT/2000/XP/2003 操作系统的情况下，不论主机是处于域环境还是处于工作组环境，除非用户更改了有关设置，Windows 登录口令认证过程都会默认使用该协议。LM 协议最核心的内容是登录口令不以明文形式而以 HASH 值形式存储于本地或者在网络中传送。本节对 LM 协议不做更多介绍，仅关注 LM 协议中登录口令 HASH 值的生成。

LM 协议中使用的登录口令 HASH 值，通常称为 LM HASH 值，其生成算法如下（假设登录口令的明文是“Welcome”）：

第一步，将登录口令中的小写字母全部转换成大写字母，即

Welcome→WELCOME

第二步，再将大写的字符串用十六进制表示，如果十六进制字符串不足 14 个字节，则需要在其后添加 0x00，补足到 14 字节，即

WELCOME→57454C434F4D450000000000000000

第三步，将 14 个字节的数据切割成两组 7 个字节的数据，分别经 str_to_key()函数处理得到两组 8 个字节的数据，即

57454C434F4D45 经 str_to_key()函数→56A25288347A348A

00000000000000 经 str_to_key()函数→0000000000000000

第四步，分别将两组 8 个字节的数据作为密钥，对字符串“KGS!@#$%”（该字符串也称为魔术字符串）进行标准 DES 加密。

KGS!@#$%→4B47532140232425

用“56A25288347A348A”作为密钥对“4B47532140232425”进行标准 DES 加密，可得“C23413A8A1E7665F”。

用“0000000000000000”作为密钥对“4B47532140232425”进行标准 DES 加密，可得“AAD3B435B51404EE”。

第五步，将加密后的这两组数据进行拼接，就得到了最后的 LM HASH 值，即

C23413A8A1E7665F AAD3B435B51404EE

可以看出，LM 协议中登录口令的 HASH 值生成算法对登录口令中字符的大小写不敏感，而且最多只支持两组 7 个字节数据的加密，故即使用户设置了很复杂的 14 位登录口令，其破解强度也只相当于破解两组不包含小写字母的 7 位登录口令。因此，如果攻击者在获取了 LM HASH 值的情况下，采取成熟的时空折中法，在单机上目前只需要几分钟就可以破解登录口令。时空折中法是一种在计算空间与计算时间中找到折中点以提高计算整体效率的方法，该方法不在本书介绍范围之内，有兴趣的读者可查阅相关文献。

（2）NTLM 算法。鉴于 LM 算法存在安全弱点，微软公司在保持向后兼容的同时，提出了具有更高安全性的挑战/应答认证机制，即 NTLM（NT LAN Manager）算法。NTLM 算法自 Windows NT 4.0 开始使用，一直延续到 Windows 7 及 Windows 8。

自 Windows XP 始，用户即可方便地通过对系统进行配置（Windows 2000 配置比较复杂），实现只允许使用 NTLM 算法而禁止使用 LM 算法进行认证。Windows Vista/7/8 操作系统则直接禁用 LM 算法，默认 NTLM 算法。

与 LM 算法相比，NTLM 算法使用登录口令 HASH 值的安全强度明显提高，NTLM HASH 值的计算过程如下（假设登录口令明文是“123456”）：

第一步，将登录口令转换成 Unicode 字符串，即 ASCII 字符串转换成 Unicode 字符串，就是简单地在原有每个字节之后添加“00”。与 LM 算法生成 HASH 值不同，这时字母无须进行大小写转换，添加“00”以补足到 14 个字节即可。

123456→310032003300340035003600

第二步，对 Unicode 串进行标准 MD4 单向 HASH 运算。无论数据源有多少个字节，MD4 算法都产生固定的 128 比特的 HASH 值。这样，就得到了最后的 NTLM HASH 值：

MD4(310032003300340035003600)→32ED87BDB5FDC5E9CBA88547376818D4

NTLM HASH 值为 32ED87BDB5FDC5E9CBA88547376818D4。

可以看出，与 LM 生成 HASH 值相比，NTLM 算法在以下方面明显提高了安全性：

① NTLM 算法对登录口令明文的大小写敏感，口令空间更大。

② LM 算法最高只支持对 14 个字节的数据加密，且分为两组进行计算，故可根据其 HASH 值可判断登录口令是否小于 8 个字节，即相当于登录口令强度最高只有 7 个字节。NTLM 算法支持大于 14 个字节的登录口令且无分组。

③ NTLM 算法无须魔术字符串“KGS!@#$%”。

④ MD4 是真正的单向 HASH 函数，穷举作为数据源出现的明文难度很大。

（3）Kerberos 算法。Kerberos 算法是个专门为域环境下登录口令认证而设计的，相比于 NTLM 算法，其安全性更高。Kerberos 算法同样需要使用登录口令的 NTLM HASH 值。本书后面将对 Kerberos 算法进行专门介绍。

4.2 对称密钥密码体制

对称密钥密码体制是指加密和解密使用相同密钥的密码算法构成的密码体制，密码算法也称为对称密钥密码算法。

显然，这种密码体制的安全性不仅仅取决于密码算法本身，还取决于密钥。在这种体制中，密钥管理是必须充分关注和重点解决的问题。

第 2 和 3 章介绍的所有密码，均为对称密钥密码。

在对称密钥密码体制下，根据对明文消息加密方式的不同，还可以将对称密钥密码体制划分为序列密码体制和分组密码体制。

（1）序列密码（Stream Cipher，亦称为流密码）。在序列密码中，明文消息以序列的方式表示，称为明文序列（明文流）；在对明文序列进行加密时，要有一个乱数序列（乱数流），明文序列和乱数序列进行简单可逆运算，产生密文序列（密文流）。

① 序列密码的加密单位，即明文序列的构成单位，可以是 *n* 个不可分割的一组 0、1 比特，比如 8 个比特组成的一组不可分割的 ASCII 码，16 个比特组成的一组不可分割的汉字计算机表示，以及 8、16、32、64、128…个比特组成的一组不可分割的计算机位长，等等。

② 相应地，乱数序列也应该如此生成，即乱数序列的构成单位应该也是与明文序列构成单位相一致的 *n* 个不可分割的一组 0、1 比特。下文介绍的 RC4 算法就是典型的序列密码算法，该算法在给定密钥后每一时刻输出一个不可分割的 *n* 个比特构成的组（标准中称为字），标准 RC4 算法推荐 n=8。

③ 乱数序列的生成是序列密码的关键和要害。性能优良的算法所生成的乱数序列可以具有很好的随机特性和周期长度。下文介绍的 RC4 算法本质上是一个乱数序列生成算法，也称为乱数序列发生器。

序列密码历史悠久，源远流长（见 3.3.2.2 节），但是序列密码算法 RC4 又有很强的时代特征。RC4 算法可看成以正整数 *n* 为参数的一组算法，对于 *n* 的不同取值，可得到不同的 RC4 算法，标准 RC4 算法推荐 n=8。正整数 *n* 可以有不同取值，说明 RC4 算法的适应性很强；n=8，暗指 RC4 算法适用于加密 8 个比特组成的一组不可分割的 ASCII 码。

实例 4-3：

明文序列（明文流）是 ASCII 字符，即 8 个比特一组，组内 8 个比特不可分割；乱数序列（乱数流）由序列密码算法 RC4（参数 n=8）生成，也是 8 个比特一组，组内 8 个比特不可分割；密文序列（密文流）由明文序列和乱数序列按 8 个比特一组采用对位模 2 加运算得到，如图 4.3 所示。

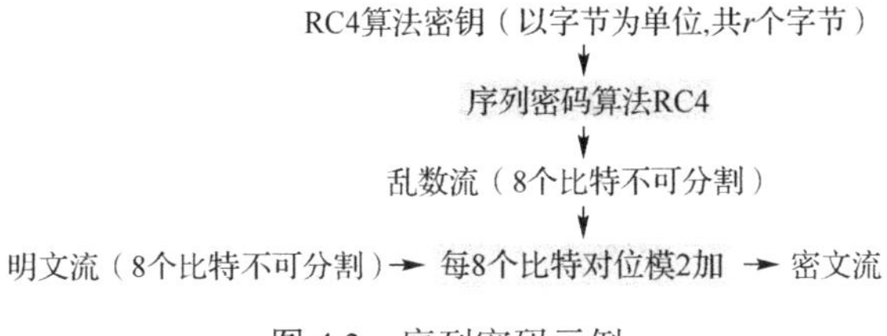

图 4.3　序列密码示例

（2）分组密码（Block Cipher，亦称为块密码）。分组密码是将明文经编码后的二进制序列 $m_1m_2\cdots m_i\cdots$ 划分成若干个固定长度为 t 的明文分组（明文块）$m=m_1m_2\cdots m_t$，最后一个明文分组视具体情况填充，各分组分别在密钥 $k=k_1k_2\cdots k_r$ 的控制下转换成长度为 l 的二进制密文分组（密文块）$c=c_1c_2\cdots c_l$。

① 若 $t>l$，则称为带数据压缩的分组密码；若 $t<l$，则称为带数据扩展的分组密码。通常的分组密码算法取 $t=l$，其本质是从明文空间 M（长度为 t 的比特串的集合）到密文空间 C（长度为 l 的比特串的集合）的映射。

② 明文分组（明文块）长度 t 的选择，既不能太短，以保证密码算法能够应对密码分析；也不能太长，以便于操作和运算。

分组密码有很强的时代特征。分组密码的出现，以及分组密码的明文分组长度 t 和密文分组长度 l 一般选取 2^n，即这种时代特征的表征。何以故？现代计算机的位长是 2^n，以现代计算机（服务器、终端机、单片机、CPU 等）为核心计算部件的通信设备也以 2^n 作为重要的单位。计算机具有很强的渗透性，计算机渗透到哪些领域，这些领域就是以计算机为核心计算部件的应用领域，如武器装备、医疗设备、数控设备、导航设备等。因此，分组密码以 2^n 作为分组长度就不足为奇了（不以 2^n 作为分组长度倒是奇怪了）。

实例 4-4：

明文分组（明文块）为 64 个比特，密钥为 56 个比特，密文分组（密文块）为 64 个比特，密码算法是分组密码算法 DES，如图 4.4 所示。

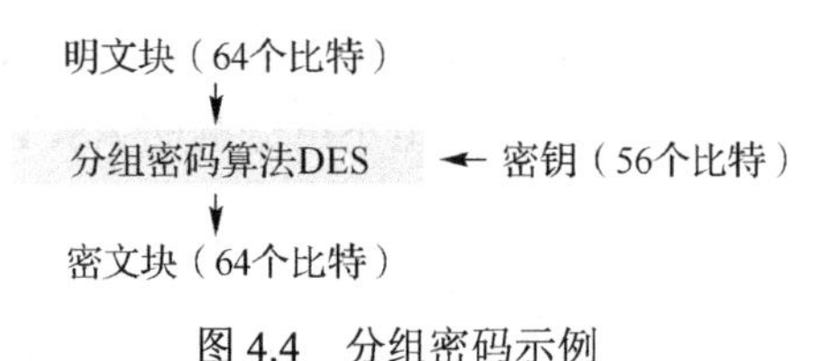

图 4.4　分组密码示例

这个图似乎与序列密码示例的图相似，但是不然，分组密码算法 DES 把明文分组的 64 个比特和密钥的 56 个比特拆开了，分别且分层使用，或者更确切地说，分组密码算法 DES 把明文分组和密钥分割了。这是序列密码和分组密码的本质区别。当然，分组密码的明文分组要有一定规模，如果序列密码的加密单位和解密单位是 1 个比特，分组密码的加密单位（明文分组）和解密单位（密文分组）也是 1 个比特，这时两个密码算法合二而一了，序列密码就是分组密码，分组密码就是序列密码，没有区别。分组密码设计关注扩散（Diffusion）和扰乱（Confusion），所谓扩散，是指明文分组的每一个比特和密钥的每一个比特，其作用都要扩散到密文分组的所有比特上去；所谓扰乱，是指密文分组的每一个比特，一定是明文分组的每一个比特和密钥的每一个比特综合作用的结果，而且要求扩散得快，扰乱得好。但这已经超出本书“浅说”的范围了，不再赘述。

4.2.1　序列密码算法 A5 和 RC4

4.2.1.1　序列密码算法 A5

序列密码算法 A5 是欧洲 GSM（Group Special Mobile）标准中规定的加密算法，用于数字蜂窝移动通信系统的加密，加密从用户设备到基地站之间的链路。

GSM 数字蜂窝通信系统由交换系统（SS）、基站（BS）和移动站（MS）三大部分组成，其中交换系统又由移动业务交换中心（MSC）、验证中心（AUC）、归属位置寄存器（HLR）、访问位置寄存器（VLR）和移动设备识别寄存器（EIR）等组成。

用户在入网注册时，由注册当局发给用户一个用户识别模块（Subscriber Identification Module，SIM），并在 SIM 卡中写入国际移动用户身份标志（International Mobile Subscriber Identity，IMSI）、验证算法 A3、密钥生成算法 A8、用户 i 的主密钥 K_i，以及每个用户的个人身份号（Personal Identification Number，PIN）。用户的 IMSI 和 K_i 同时也存入验证中心（AUC），AUC 中也有验证算法 A3、密码生成算法 A8，还有一个伪随机数发生器，用于产生 128 比特的随机数 RAND。将 RAND 作为算法的输入，以 K_i 作为密钥，经 AUC 中的 A3 算法，产生验证码 SRES，经 A8 算法生成会晤密钥 SK。RAND 和由它生成的 SK、SRES 组成用户的一个三参数组，存在 HLR 中。这样的三参数组可以根据需要不断生成，每次验证、加密时用一个。当移动用户进入一个新区时，该区的 VLR 就向 HLR 请求传送用户的三参数组，存入新区的 VLR。

GSM 系统采用了多种安全防护措施，用户必须将 SIM 卡插入移动电话，并输入用户的 PIN 后方能启动设备。进行通话时，移动业务交换中心（MSC）要通过基站对用户进行验证，通过验证后，用户方能进行通信。具体说，当用户开机请求接入网络时，用户所在位置的 MSC/VLR 通过控制信道将三参数组的 RAND 发给用户，用户的 SIM 卡在收到 RAND 后，用 SIM 卡中的 K_i 和 A3 算法生成 SRES 并传送给 MSC/VLR。MSC/VLR 将收到的 SRES 与存储的三参数组中的 SRES 进行比较，结果相同才允许接入。另一方面，在验证过程中，SIM 用 RAND 和 K_i 经 A8 算法还生成了 SK，用于本次会晤的加密通信。基站和移动站有共同的加密算法 A5，当 MSC/VLR 在启动加密时，将 SK 传送给基站，使基站与移动站具有共同的会晤密钥 SK。加/解密是在基站和移动站之间的无线通信链路上进行的。在制乱过程中，SK 不断地与随机数（帧号）相结合重置 A5 乱数发生器的初态。

A5 算法如下：A5 乱数发生器由三个较短的线性移存器（LFSR）组成，三个线性移存器（移位寄存器）分别为 19、22、23 级，共 64 级。反馈多项式均为本原多项式，即：

$$f_1(x)=x^{19}+x^{18}+x^{17}+x^{14}+1$$
$$f_2(x)=x^{22}+x^{21}+x^{17}+x^{13}+1$$
$$f_3(x)=x^{23}+x^{22}+x^{19}+x^{18}+1$$

图 4.5 所示为 A5 算法的逻辑框图。

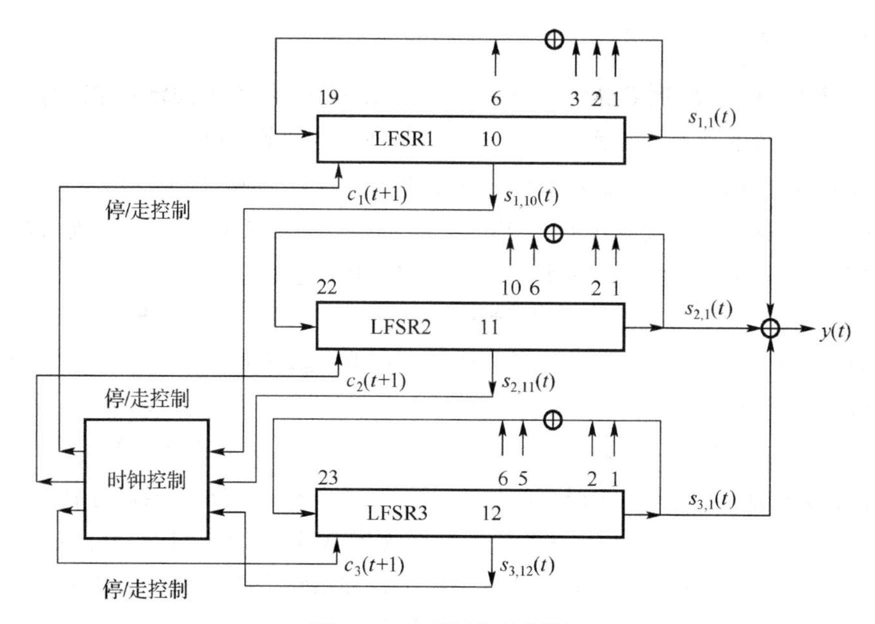

图 4.5　A5 算法逻辑框图

将第 i 个移存器 t 时刻的状态记为 $S_i(t)$，有

$$S_1(t)=[s_{1,1}(t),s_{1,2}(t),\cdots,s_{1,19}(t)]$$
$$S_2(t)=[s_{2,1}(t),s_{2,2}(t),\cdots,s_{2,22}(t)]$$
$$S_3(t)=[s_{3,1}(t),s_{3,2}(t),\cdots,s_{3,23}(t)]$$

移存器不规则步进，步进控制信号来自三个移存器的中间一级，具体为第 10、11、12 级，即 $s_{1,10}(t)$、$s_{2,11}(t)$、$s_{3,12}(t)$，将它们简记为 $\sigma_i(t)$，i=1,2,3，由它们联合控制三个移存器的步进（停/走）。将三个移存器 t 时刻的步控（步进控制）信息记为 $C_i(t)$，i=1,2,3。$C(t+1)=[C_1(t+1), C_2(t+1),C_3(t+1)]$ 是以 $\sigma_1(t)$、$\sigma_2(t)$、$\sigma_3(t)$ 为输入的四值函数，当 $\sigma_1(t)=\sigma_2(t)=\sigma_3(t)$ 时，$C_1(t+1)=C_2(t+1)=C_3(t+1)=1$，即下一拍三个移存器均步进；否则必有 $\sigma_i(t)=\sigma_j(t)\neq\sigma_k(t)$，其中 $\{i,j,k\}$ 为 $\{1,2,3\}$ 的一个排列，这时 $C_i(t+1)=C_j(t+1)=1$，$C_k(t+1)=0$，即下一拍第 i 和第 j 个移存器步进，第 k 个移存器停步。由步进规则可知，每一时刻至少有两个移存器步进。乱数序列 $y(t)$ 由三个移存器的输出模 2 加完成（t=0,1⋯）。

移存器的制乱初态由 64 比特的会晤密钥 SK 与 22 比特的随机数（帧号）相结合生成。先将 64 比特的会晤密钥输入三个移存器，为了避免移存器的状态为全“0”，将移存器的最后一级置“1”，然后将 22 比特的随机数加入每个移存器的反馈线路，移存器的步进控制与制乱相同。确切地讲，每个移存器先按步控规则走（或停），然后将随机数的相应比特分别与每个移存器的最后 1 个比特模 2 加，如此运动 22 步后，得到的三个移存器状态即移存器的制乱初态，亦称为消息密钥，由此开始制乱。制乱得到的前 100 比特丢弃不用（即通常所说的“空跑”），接下来的 114 比特用于加密一方的一帧消息。因为同一密钥用于全双工通信，所以接下来又丢弃 100 比特，然后用后面的 114 比特加密反向的一帧消息。下一帧再由相同的 SK 与计数器生成的 22 比特帧号相结合，重置移存器的初始动态，生成下一帧的加密乱数。初态的预置十分频繁，每次预置初始状态后，只生成 428 比特乱数，其中 228 比特用于双方的通信加密。

4.2.1.2　序列密码算法 RC4

RC4 算法是 R.Rivest 在 1987 年为 RSA 数据安全公司设计的专用算法之一。

RC4 算法可看成以正整数 n 为参数的一组算法，n 的取值一般为 8。对于 n 的不同取值，可得到不同的 RC4 算法。RC4 算法的密钥以字节为单位，共 r 个字节（r 可变）。

该算法的设计思想与通常的基于线性反馈移存器的序列密码算法不同，它是一种基于表错乱原理的序列密码算法，与它同类的还有 ISAAC 算法等。这类序列密码以一个相对比较大的表为基础，在自身控制下（当然也可由多个表互控）慢慢变化，同时生成乱数序列。

RC4 算法由一个 2^n 个 n 比特构成的 S 表和两个 n 比特的指针组成，其中 S 表为 $0\sim 2^n-1$ 的一个排列。定义 n 比特为一个字，则 RC4 算法所需内存量仅为 2^n+2 个字，即 $n2^n+2n$ 比特，当 $n=8$ 时，仅为 258 个字节。将这 2^n+2 个字称为内部状态，在制乱过程中，内部状态不断缓慢变化，确切地讲，是在两个指针的指示下不断做对换，同时每一时刻输出一个字的乱数。

将 t 时刻的 S 表记为 $S_t=[S_t(l)]_{l=0}^{2^n-1}$，$t$ 时刻的两个指针分别记为 i_t 和 j_t，t 时刻的输出记为 z_t，并将 n 比特字的二进制表示和整数表示看成是相同的。

设 $i_0=j_0=0$，对于 $t\geqslant l$，RC4 算法的下一个状态和输出函数定义为：

$$i_t=i_{t-1}+l$$

$$j_t=j_{t-1}+S_{t-1}(i_t)$$

$$S_t(i_t)=S_{t-1}(j_t),\quad S_t(j_t)=S_{t-1}(i_t)\,[\text{即交换}\,S_{t-1}(j_t)\text{和}S_{t-1}(i_t)]$$

$$z_t = S_t[S_t(i_t) + S_t(j_t)]$$

式中，“+”为模 2^n 的算术运算。输出的乱数序列以字为单位，乱数序列 $Z = (z_t)_{t=1}^{\infty}$。

S 表的初态 S_0 是由 0～255 顺序排列的表 $(l)_{l=0}^{2^n-1}$ 在密钥作用下经错乱生成的。错乱方法与制乱过程类似，具体如下：

令 $R_0 = (l)_{l=0}^{2^n-1}$，j_0=0，将 r 个密钥字节 $k_0,k_1,\cdots,k_{r-1}$ 多次循环反复排列，组成密钥表 $K = (k_l)_{l=0}^{2^n-1}$。对 t=1,2,⋯,2^n 计算

$$j_t = j_{t-1} + R_{t-1}(t-1) + k_{t-1} \bmod 2^n$$

并交换 $R_{t-1}(t-1)$和 $R_{t-1}(j_t)$；经 2^n 次交换后得到的 R_{2^n}，即 S 表初始值 S_0。

RC4 算法生成的乱数序列最低位比特距 2 有异号优势，优势为 15×2^{-3n}。识别这一统计特性所需的序列长度约为 $64^n/225$。当 $n\leqslant8$ 时，在高速信号加密中有可能用此统计特性来区分 RC4 算法和其他乱数发生器。

1995 年 7 月 14 日，Hal Finney 在互联网上公布了用 Netscape 中的 RC4 算法（40 比特密钥）加密的一则消息（加密的信用卡 order），提出了破译挑战。对此，有两个研究组独立地求出了密钥。法国的一个研究组率先宣布获得成功，他们用了 120 台计算机和工作站的空闲时间，仅用 8 天就求出了 40 比特的密钥，密钥用十六进制表示为“73 F0 96 1F 16”。1995 年 8 月 19 日又对 RC4 提出了第二次挑战，应战者通过互联网将 201 个参加者连接起来，协同进行攻击。攻击从 1995 年 8 月 24 日 18:00（GMP）开始，由于攻击软件有了很大改进，在进行穷尽攻击的客户工作站和对搜索密钥进行分配的中心服务器之间实现了自动通信，所以只用 31.8 小时就求出了密钥“96 36 34 0D 46”。由于这次攻击只用了机器可用时间的 1/4，因此从理论上讲，攻击只用了大约 8 小时。

4.2.2 分组密码算法 DES 和 AES

（1）数据加密标准（Data Encryption Standard，DES）。1973 年 5 月 15 日，美国国家标准与技术局（National Institute of Standards and Technology，NIST，现为美国国家标准技术研究院）在公开征集用于国家“非密级”应用的加密体制。经过多次征集与讨论后，一种由 IBM 公司开发的算法得到了认可，并于 1975 年 3 月 17 日由 NIST 首次公布，1977 年 2 月 15 日正式被采纳作为美国“非密级”应用（非机要部门使用）的一个加密标准。

DES 的出现在密码发展史上属于划时代的大事，**是现代密码学的第一个里程碑**。何以故？因为传统密码，其算法一定要保密，DES 颠覆了这一历史传统和观念，即密码算法可以公开，只要保证密钥安全，密码同样安全。

DES 的出现给世界提供了一个安全的数据加/解密算法，密码应用迅速得到普及。DES

的征集过程，极大地推进了民间密码学的研究，并以此推动了密码学的发展，使密码学进入了一个新时代。

1994 年，有人估计，以 100 万美元的投入可造出专用机，平均 3.52 小时即可破解 DES。1997 年，RSA 公司在互联网上悬赏 10000 美元，3 月 13 日开始联合穷举，完成了 2^{56} 密钥空间的 24.6%，一部个人计算机于 6 月 17 日求出了结果，得到 4000 美元的奖励。1998 年，造价 25 万美元的专用破译机用时 56 小时确解了 DES。1999 年，RSA 公司在互联网上再次挑战，以 22 小时 35 分钟成功破解了 DES。单层 DES 在辉煌了 20 年后，终于走到它的尽头，新一代 AES 于 2000 年正式诞生。

（2）高级加密标准（Advanced Encryption Standard，AES）。1997 年 1 月，NIST 宣布征集高级加密标准，要求：能保证安全 30 年，信息保护达 100 年；应该是分组密码，分组长度为 128 比特，密钥长度可变，分别为 128、192、256 比特三种；可用程序语言实现。1998 年 8 月，AES 第一次会议宣布了 15 种候选算法；1999 年 3 月，AES 第二次会议对 15 种算法进行分析；1999 年 8 月，在 15 种候选算法中选中 5 种（RC6、Rijndael、Serpent、Twofish 和 MARS）；2000 年 10 月 2 日，正式确定比利时密码学家 Joan Daemon 和 Vincent Rijmen 的 Rijndael 密码算法作为 AES 标准；2001 年 12 月 4 日作为 FIPS-197 公布。

严格地讲，AES 标准和 Rijndael 算法略有差别（虽然在实际应用中二者可以互换），Rijndael 算法可以支持更大范围的分组和密钥长度。AES 标准的分组长度固定为 128 比特，密钥长度是 128、192 或 256 比特；而 Rijndael 算法使用的分组和密钥长度可以是 32 的整数倍，以 128 位为下限，256 比特为上限。

在 AES 算法征集期间，大量相关文件公布于世，包括候选算法的说明文本，算法理论依据的探讨及分析，算法测试方法和测试结果，等等。各路密码学精英以及非密码学专家和学者从不同角度发表了诸多真知灼见。一个密码算法，其破译难度当然是一个重要和关键指标，其抗各种密码分析攻击的能力是主要方面，但是，其他指标也很重要，比如软件的实现，是否占用内存较少，是否运算时间较短，能否同时在 8、16、32、64、128 位长的计算机上有效实现；又如硬件的实现，能否在 FPGA、ASIC 等上方便实现且占用资源较少，等等。哲学意义上的启发是，没有完美的好只有恰当的好，没有全面的好只有综合的好，没有绝对的好只有相对的好，没有长久的好只有阶段的好。

AES 算法的设计，融合了各种特色，使其可以抵抗各种已知攻击手段。AES 算法的设计者 Vincent Rijmen 和 Joan Daemon 写了一本专著来详细解释 Rijndael 算法及其融入在设计中的各种策略。自 AES 提出后，对 AES 的攻击研究一直是密码分析研究的热点，研究者们提出了包括代数攻击在内的多种新型攻击的设计和思路。但是，到目前为止还没有公开的、对 AES 安全构成现实威胁的攻击方法。

4.2.2.1　分组密码算法 DES

DES 密码算法由 IBM 公司设计，是对一种早期名为 Lucifer 体制的改进，采用了以 IBM 公司物理学家兼密码学家 Feistel 命名的网络结构。1977 年 1 月 15 日，联邦信息处理标准的 64 版（FIPS PUB64）给出了 DES 的完整表述。1986 年，NSA 宣布停止执行 DES 计划，从 1988 年 1 月 1 日起，除电子资金过户（Electronic Fund Transfer）外，不再批准政府部门使用 DES 产品，但已批准的 DES 设备和产品可继续销售和使用。

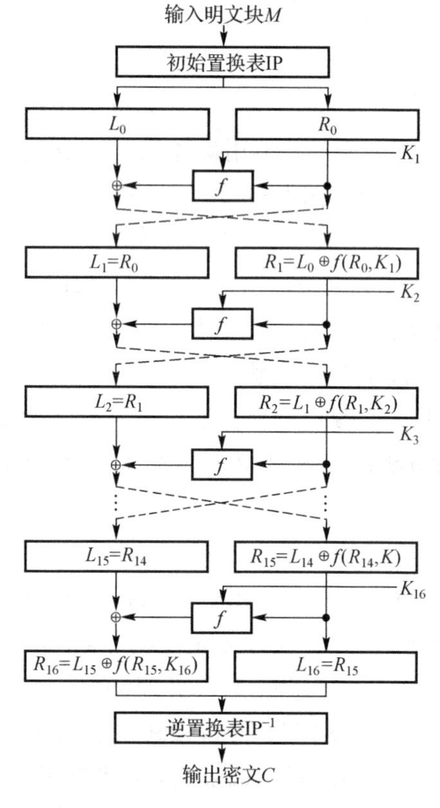

图 4.6　DES 算法逻辑框图

1）DES 算法

（1）DES 算法逻辑框图。DES 算法逻辑框图如图 4.6 所示，输入明文块 M（64 比特），$M=m_0m_1\cdots m_{63}$ 经初始置换表 IP（见表 4.1）变换成 $M_0=m_{57}m_{49}\cdots m_6$。

将 M_0 分成左右两个半块（各 32 比特），$M_0=(L_0,R_0)$，(L_0,R_0) 经过第一层变换后记为 (L_1,R_1)，其中 $L_1=R_0$、$R_1=L_0\oplus f(R_0,K_1)$。

经过第 i（$i=1,2,\cdots,16$）层变换后为 (L_i,R_i)，其中 $L_i=R_{i-1}$、$R_i=L_{i-1}\oplus f(R_{i-1},K_i)$，此处的 f 函数将在下面详述，K_i 为密钥，经过 16 层变换后输出为 (R_{16},L_{16})，再经逆置换表 IP^{-1} 输出密文块 C。

（2）f 函数。f 函数是 DES 的核心部分（其框图如图 4.7 所示），进入第 i 层时，f 函数的输入 R_{i-1}（32 比特）先经扩张运算 E 变成 48 比特，设 $R_{i-1}=r_0r_1r_2\cdots r_{31}$ 经扩张运算 E 后记作 $T_{i-1}=E(R_{i-1})$。

$$T_{i-1}=t_0t_1t_2\cdots t_{47}$$

表 4.1　DES 算法置换表 IP 和逆置换表 IP^{-1}

IP

57	49	41	33	25	17	9	1
59	51	43	35	27	19	11	3
61	53	45	37	29	21	13	5
63	55	47	39	31	23	15	7
56	48	40	32	24	16	8	0
58	50	42	34	26	18	10	2
60	52	44	36	28	20	12	4
62	54	46	38	30	22	14	6

IP^{-1}

39	7	47	15	55	23	63	31
38	6	46	14	54	22	62	30
37	5	45	13	53	21	61	29
36	4	44	12	52	20	60	28
35	3	43	11	51	19	59	27
34	2	42	10	50	18	58	26
33	1	41	9	49	17	57	25
32	0	40	8	48	16	56	24

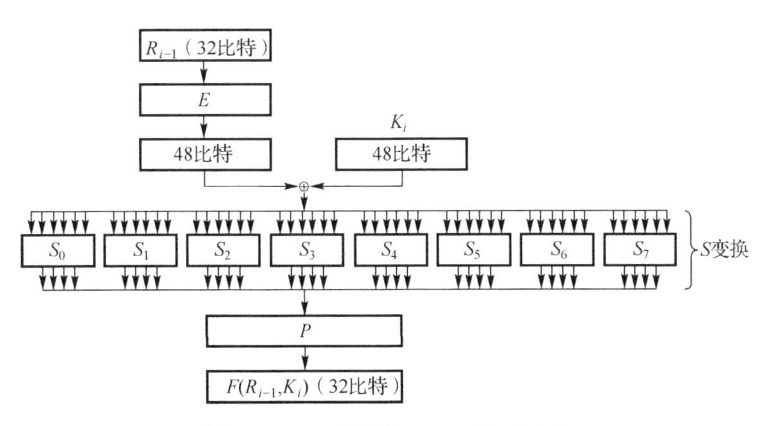

图 4.7　DES 算法核心 f 函数的框图

DES 算法 S 盒代替表如表 4.2 所示。

表 4.2　DES 算法 S 盒代替表

	0	1	2	3	4	5	6	7	8	9	10	11	12	13	14	15	
0	14	04	13	01	02	15	11	08	03	10	06	12	05	09	00	07	S_0
1	00	15	07	04	14	02	13	01	10	06	12	11	09	05	03	08	
2	04	01	14	08	13	06	02	11	15	12	09	07	03	10	05	00	
3	15	12	08	02	04	09	01	07	05	11	03	14	10	00	06	13	
0	15	01	08	14	06	11	03	04	09	07	02	13	12	00	05	10	S_1
1	03	13	04	07	15	02	08	14	12	00	01	10	06	09	11	05	
2	00	14	07	11	10	04	13	01	05	08	12	06	09	03	12	15	
3	13	08	10	01	03	15	04	02	11	06	07	12	00	05	14	09	
0	10	00	09	14	06	03	15	05	01	13	12	07	11	04	02	08	S_2
1	13	07	00	09	03	04	06	10	02	08	05	14	12	11	15	01	
2	13	06	04	09	08	15	03	00	11	01	02	12	05	10	14	07	
3	01	10	13	00	06	09	08	07	04	15	14	03	11	05	02	12	
0	07	13	14	03	00	06	09	10	01	02	08	05	11	12	04	15	S_3
1	13	08	11	05	06	15	00	03	04	07	02	12	01	10	14	09	
2	10	06	09	00	12	11	07	12	15	01	03	14	05	02	08	04	
3	03	15	00	06	10	01	13	08	09	04	05	11	12	07	02	14	
0	02	12	04	01	07	10	11	06	08	05	03	15	13	00	14	09	S_4
1	14	11	02	12	04	07	13	01	05	00	15	10	03	09	08	06	
2	04	02	01	11	10	13	07	08	15	09	12	05	06	03	00	14	
3	11	08	12	07	01	14	02	13	06	15	00	09	10	04	05	03	

续表

	0	1	2	3	4	5	6	7	8	9	10	11	12	13	14	15	
0	12	01	10	15	09	02	06	08	00	13	03	04	14	07	05	11	
1	10	15	04	02	07	12	09	05	06	01	13	14	00	11	03	08	S_5
2	09	14	15	05	02	08	12	03	07	00	04	10	01	13	11	06	
3	04	03	02	12	09	05	15	10	11	14	01	07	06	00	08	13	
0	04	11	02	14	15	00	08	13	03	12	09	07	05	10	06	01	
1	13	00	11	07	04	09	01	10	14	03	05	12	02	15	08	06	S_6
2	01	04	11	13	12	03	07	14	10	15	06	08	00	05	09	02	
3	06	11	13	08	01	04	10	07	09	05	00	15	14	02	03	12	
0	13	02	08	04	06	15	11	01	10	09	03	14	05	00	12	07	
1	01	15	13	08	10	03	07	04	12	05	06	11	00	14	09	02	S_7
2	07	11	04	01	09	12	14	02	00	06	10	13	15	03	05	08	
3	02	01	14	07	04	10	08	13	15	12	09	00	03	05	06	11	

f盒的比特选择表E和置换表P如表4.3所示，其中$t_0=r_{31},t_1=r_0,t_2=r_1,\cdots,t_{46}=r_{31},t_{47}=r_0$。$T_{i-1}$与$K_i$的48比特按位模2加得$B=b_0b_1\cdots b_{47}$。$B$顺序地按6比特分组分别进入代替表（$S$盒）$S_0,S_1,\cdots,S_7$（参见表4.2）。代替的规则如下：输入$S_i$的6比特的左端1比特和右端1比特组成0到3（以二进制表示）中的某个数作为取S_i的行数，中间4个比特组成0到15（以二进制表示）中的某个数作为取S_i的列数，在S_i行列交叉处取得一个数（用4个比特表示）作为S_i盒的输出。例如，若输入S_0（见表4.4）的6个比特为011011，这时行数为1，列数为1101即13。S_0的第1行第13列的元素为5，于是输出为0101。

表4.3　f盒的比特选择表E和置换表P

比特选择表E

31	0	1	2	3	4
3	4	5	6	7	8
7	8	9	10	11	12
11	12	13	14	15	16
15	16	17	18	19	20
19	20	21	22	23	24
23	24	25	26	27	28
27	28	29	30	31	0

置换表P

15	6	19	20
28	11	27	16
0	14	22	25
4	17	30	9
1	7	23	13
31	26	2	8
18	12	29	5
21	10	3	24

表 4.4　DES 算法 S_0 举例

S_0 盒

	0	1	2	3	4	5	6	7	8	9	10	11	12	13	14	15
0	14	4	13	1	2	15	11	8	3	10	6	12	5	9	0	7
1	0	15	7	4	14	2	13	1	10	6	12	11	9	5	3	8
2	4	1	14	8	13	6	2	11	15	12	9	7	3	10	5	0
3	15	12	8	2	4	9	1	7	5	11	3	14	10	0	6	13

经过 S 盒后的 32 比特再经过置换表 P 改变比特位置，作为 f 函数的输出。

（3）子密钥发生器，其逻辑框图如图 4.8 所示。

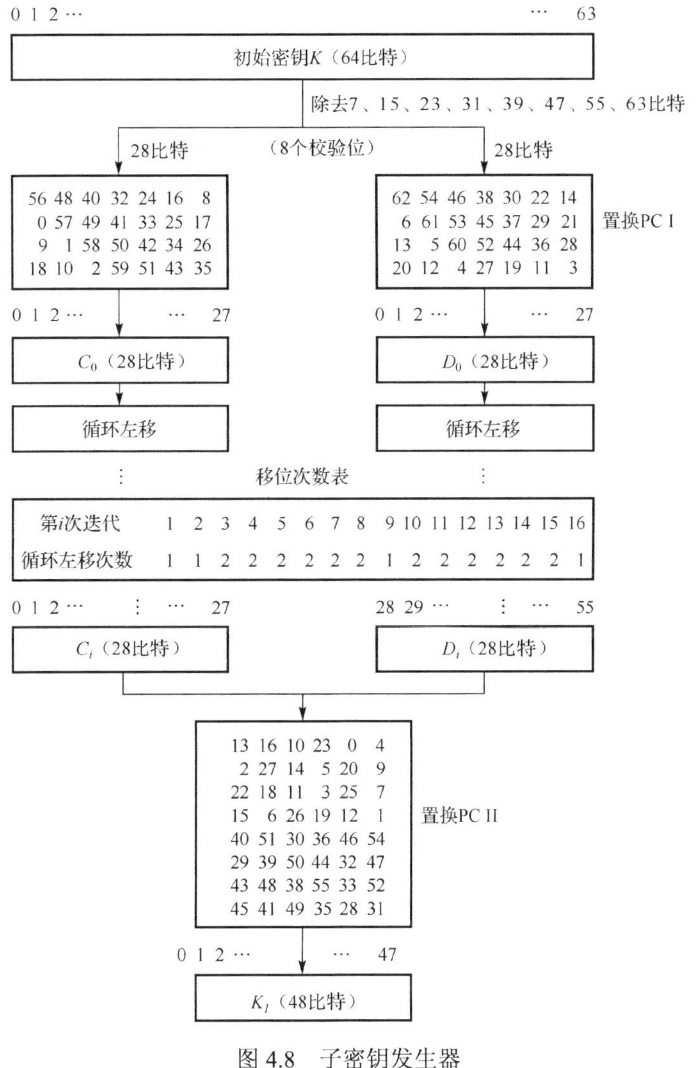

图 4.8　子密钥发生器

64 比特初始密钥 K 通过子密钥发生器变成 $K_1,K_2,\cdots,K_{16}$，分别作为 1 到 16 层的 f 函数子密钥（长 48 比特）。

在 64 比特初始密钥 K 中，去掉 8 个比特（第 7、15、23、31、39、47、55、63 比特），作为校验位，其余 56 位送入置换 PC I，经过坐标置换后分成两组，每组 28 比特分别送入 C_0 寄存器和 D_0 寄存器中。在各次迭代中，C_i 寄存器和 D_i 寄存器分别将存储的数据按移位次数表进行左循环移位。每次移位后将 C_i 寄存器和 D_i 寄存器的第 6、9、14、25 比特删去，其余比特经置换 PC II 后送出 48 比特作为第 i 次迭代时所用的子密钥 K_i。

DES 算法可以简单归结如下。

加密过程：

$L_0R_0 \leftarrow \mathrm{IP}$（64 比特输入）

$L_i \leftarrow R_{i-1}$

$R_i \leftarrow L_{i-1} \oplus f（L_i\cdots,K_i）$，$i=1,2,\cdots,16$

（64 比特密文）$\leftarrow \mathrm{IP}^{-1}（R_{16}L_{16}）$

DES 的加密运算是可逆的，其解密过程可类似进行。

解密过程：

$R_{16}L_{16} \leftarrow \mathrm{IP}$（64 比特密文）

$R_{i-1} \leftarrow L_i$

$L_{i-1} \leftarrow R_i \oplus f（R_{i-1},K_i）$，　$i=16,15,\cdots,1$

（64 比特明文）$\leftarrow \mathrm{IP}^{-1}（L_0R_0）$

实例 4-5：

一加密过程的例子（用十六进制表示）：

密钥：03 96 48 C5 39 31 39 65

明文：00 00 00 00 00 00 00 00

经置换 IPRG：00 00 00 00 00 00 00 00

第 1 层：　00 00 00 00 85 7E 2A 43

第 2 层：　85 7E 2A 43 D7 2F 0D 7B

第 3 层：　D7 2F 0D 7B C7 6E 6C B1

第 4 层：　C7 6E 6C B1 4C B0 77 8A

第 5 层：　4C B0 77 8A 72 2B BC 81

第 6 层：　72 2B BC 81 59 85 72 7B

第 7 层：　59 85 72 7B 82 67 AE 9C

第 8 层：　82 67 AE 9C E7 DD DB 94

第 9 层：	E7 DD DB 94 71 90 0F 11
第 10 层：	71 90 0F 11 0A AD 33 E4
第 11 层：	0A AD 33 E4 51 61 B2 81
第 12 层：	51 61 B2 81 7D DD 4A 9E
第 13 层：	7D DD 4A 9E 75 17 39 28
第 14 层：	75 17 39 28 9D A0 1E 4E
第 15 层：	9D A0 1E 4E BB 14 FC F2
第 16 层：	73 6A 7F 8A BB 14 FC F2
经过 IP^{-1} 后的密文：	C4 D7 2C 9D EE DE 5E 8B

（4）DES 编密思想和特点。香农（Shannon）曾建议使用不同类型的函数（如交替反复进行代替和简单的线性变换）构成一个混搅变换（Mixing Transformation），把明文消息通过这种变换随机、均匀地分布在所有可能的密文消息集合上。DES 每层的 f 函数包含加乱（$\oplus K_i$）、代替（S 盒）、移位（置换 P），它就是反复、交替地使用这些变换使输出的每个比特依赖于整个输入，使加密的每个比特依赖于整个密钥，即通过多层反复变换，使密文的每个比特是明文和密钥的完全函数。

DES 由扩张函数 E 引起的相邻两个 S 盒和 P 置换，DES 用 S 盒实现小块的非线性变换，以达到混合（Confusion），用 P 置换实现大块的线性变换，以达到扩散（Diffusion）的目的，因此 S 盒的设计是 DES 算法的一个核心问题，实际使用的 S 盒是经精心设计和严格挑选的。因为 S 盒的某些设计原则是“敏感的”，NSA 只确认过下列三条属于“设计准则”：

① S 盒的输出不是输入的线性函数或仿射函数；

② 改变 S 盒的一个输入比特，就至少引起 S 盒的两个输出比特不同；

③ $S(x)$与 $S(x+001100)$至少有两个比特不同。

DES 算法具有互补性的特点。设对明文分组 x 逐位取补（记为 $\bar{x}$），密钥逐位取补（记为 $\bar{K}$），若密文组为：

$$Y=\mathrm{DES}_K(x)$$

则有：

$$\bar{Y}=\mathrm{DES}_{\bar{K}}^{-1}(\bar{x})$$

式中，$\bar{Y}$ 是 Y 的逐位取补。互补特点是由 DES 中的两次异或运算决定的。一次是在 S 盒之前，另一次是 P 置换之后。

DES 算法存在弱密钥和半弱密钥。DES 每次迭代都有一个子密钥供加密使用，16 次迭代的子密钥分别为 $K_1,K_2,\cdots,K_{16}$，都是由初始密钥 K 生成的。如果 K 通过子密钥算法生成的 $K_1,K_2,\cdots,K_{16}$ 都相同，则称密钥 K 为弱密钥，DES 算法存在 4 个弱密钥。如果用密钥 K 对明文 X 进行两次加密或两次解密，就可恢复出明文（即加密运算与解密运算没有区别），即

$$\mathrm{DES}_K[\mathrm{DES}_K(X)] = X,\quad \mathrm{DES}_K^{-1}[\mathrm{DES}_K^{-1}(X)] = X$$

称这类密钥 K 为半弱密钥。DES 算法存在 6 对半弱密钥。

弱密钥和半弱密钥是不安全的，所以当采用随机途径生成密钥时，要经过禁用密钥的检查，以删除禁用密钥。

从密码学理论看，DES 可以看成一个单表代替密码，因为在同一个密钥下，相同的明文分组一定对应着相同的密文分组。但是，DES 却无法利用传统的单表代替密码分析方法实现破译。因为传统单表代替密码的代替表不大，不外乎 10 个数字或 26 个字母，或者再加上些标点符号，等等，只要有一定数据量，通过统计方法就能破译。而 DES 密码算法的明文空间是 2^{64}，这是一张巨大无比的代替表，更何况 DES 密码算法还使用 56 比特的密钥，即这样的代替表共有 2^{56} 个，以现在的存储资源根本无法存储如此大规模的代替表，这就是量变引起质变的道理。

可以比照 2.1.1 节的单表代替：

$$\overbrace{\qquad\qquad\qquad\qquad}^{26}$$

明文：ABCDEFGHIJKLMNOPQRSTUVWXYZ

密文：CDEFGHIJKLMNOPQRSTUVWXYZAB

DES（密本加密方式）：

$$\overbrace{\overbrace{00\cdots00}^{2^6=64}\ \overbrace{00\cdots01}^{2^6=64}\ \overbrace{00\cdots10}^{2^6=64}\ \overbrace{00\cdots11}^{2^6=64}\ \cdots\ \overbrace{11\cdots01}^{2^6=64}\ \overbrace{11\cdots10}^{2^6=64}\ \overbrace{11\cdots11}^{2^6=64}}^{2^{64}}$$

$$**\cdots**\ \ **\cdots**\ \ **\cdots**\ \ **\cdots**\ \ \cdots\ \ **\cdots**\ \ **\cdots**\ \ **\cdots**$$

2）DES 的四种工作方式（对其他分组密码也适用）

（1）电子密本方式（ECB）如图 4.9 所示。

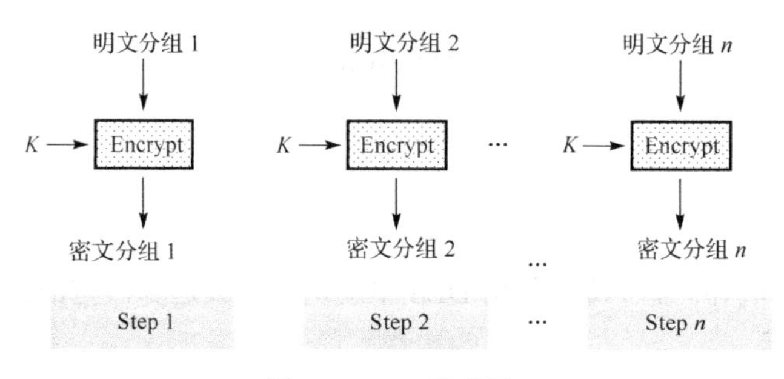

图 4.9　ECB 示意图

将明文 X 分成 m 个 64 比特分组：

$$\langle X \rangle = (x_0, x_1, \cdots, x_{m-1})$$

如果明文长度不是 64 比特的倍数，则在明文末尾填补适当数目的规定符号。ECB 方式对明文分组用给定的密钥 K 分别进行加密，可得密文：

$$<Y>=(Y_0,Y_1,\cdots,Y_{m-1})$$

式中，y_i=DES(K,x_i)，i=0,1,⋯,m−1。这种工作方式的组间同明即同密，组间可能出现重复。

（2）密文分组链接方式（CBC）如图 4.10 所示。

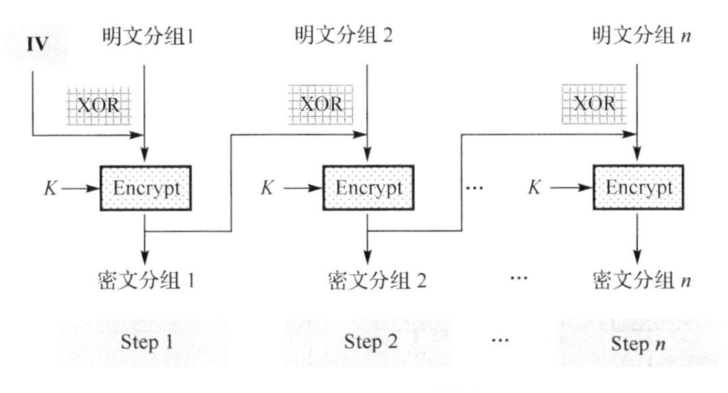

图 4.10　CBC 示意图

在 CBC 方式下，每个明文分组 x_i 加密之前先与前一组密文 y_{i-1} 按位模 2 加后，再送至 DES 加密，还需预置一个初始向量（**IV**）y_{-1}=**IV**

CBC 方式：　　$<X>\rightarrow<Y>,<Y>=\text{CBC}（k,<X>）$

$$y_{-1}=\mathbf{IV}$$

$$y_j=\text{DES}(K,x_j\oplus y_{j-1})，0\leqslant j\leqslant m$$

脱密（解密）CBC^{-1}：　　$<Y>\rightarrow<X>$

$$y_{-1}=\mathbf{IV}$$

$$x_j=\text{DES}^{-1}(k,y_j)\oplus y_{j-1}$$

CBC 方式克服了 ECB 方式组间重复的缺点，但由于明文分组加密与前一组密文有关，因此前一组密文的错误会传播到明文分组中。

（3）密文反馈方式（CFB）如图 4.11 所示，可用于序列密码。

设明文为$<X>=(x_0,x_1,\cdots,x_{m-1})$，其中 x_i 由 t 个比特组成，$0<t\leqslant 64$。由 CFB 示意图可知，CFB 实际上是将 DES 作为一个密钥流发生器，在 t 比特密文的反馈下，每次输出 t 比特乱数对 t 比特明文进行加密。

即 CFB：　　$<X>\rightarrow<Y>$

$$y_i\;=\;\text{left}_t[\text{DES}(k,Z_i)]\oplus x_i$$

或

$$y_i = \text{right}_t[\text{DES}(k,Z_i)] \oplus x_i$$

式中

$$Z_i = \text{right}_{64}[Z_{i-1} \parallel y_{i-1}], \qquad 1 \leqslant i < m-1$$

$$Z_0 = \textbf{IV}\text{（初始向量 64 比特）}$$

式中，“‖”表示相接；$\text{left}_t[\cdot]$表示取左边的 t 个比特；$\text{right}_t[\cdot]$表示取右边 t 个比特。

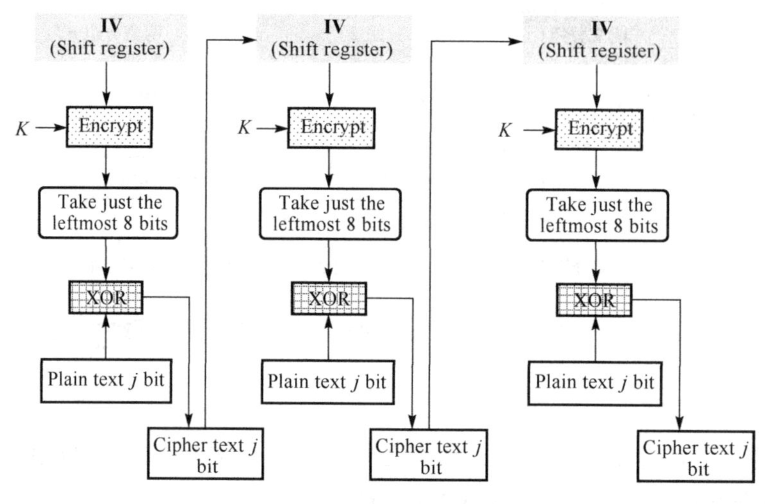

图 4.11　CFB 示意图

CFB 算法流程如图 4.12 所示。

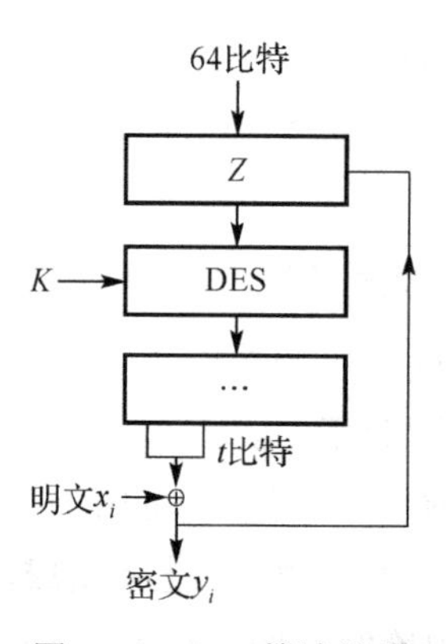

图 4.12　CFB 算法流程

由于 CFB 是密文反馈，它对密文错误（通常是由信道传输等造成的）较敏感，t 比特密文中只要有一个比特错误，就会导致连续 t 个比特出错。

（4）输出反馈方式（OFB）如图 4.13 所示，可用于序列密码。

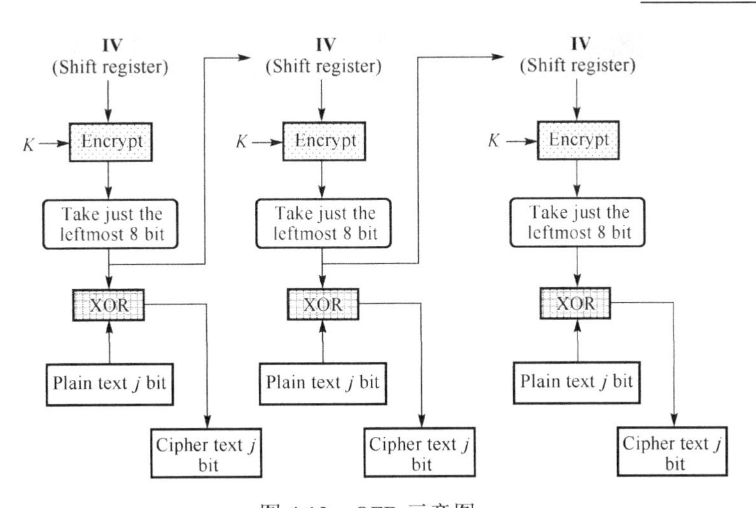

图 4.13　OFB 示意图

由 OFB 示意图可看出，OFB 与 CFB 不同点是：OFB 直接以 DES 的输出取 t 个比特作为反馈，而 CBF 是以密文 y_i 作为反馈，其余都与 CFB 相同。

OFB：

$$<X> \rightarrow <Y>$$

$$y_i = \text{left}_t[\text{DES}(k, Z_i)] \oplus x_i$$

或

$$y_i = \text{right}_t[\text{DES}(k, Z_i)] \oplus x_i$$

式中

$$Z_i = \text{right}_{64}\{Z_{i-1} \parallel \text{left}_t[\text{DES}(k, Z_{i-1})]\}$$

或

$$Z_i = \text{right}_{64}\{Z_{i-1} \parallel \text{right}_t[\text{DES}(k, Z_{i-1})]\}$$

$$Z_0 = \mathbf{IV}\text{（初始向量 64 比特）}$$

OFB 以 DES 的输出作为反馈，因而克服了 CFB 密文错误传播的缺点。

OFB 算法流程如图 4.14 所示。

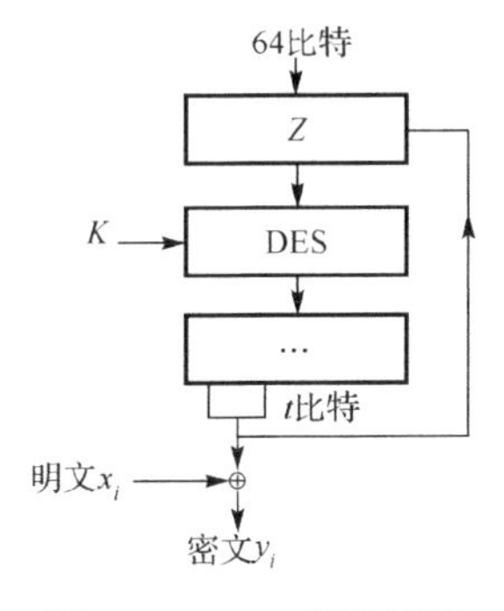

图 4.14　OFB 算法流程

3）分组密码算法 3DES

3DES（Triple DES）相当于对每个明文分组应用三次 DES 密码算法。由于计算机运算能力的增强，单层 DES 的密钥长度变得越来越容易被暴力破解。设计 3DES 的目的是用来提供一种相对简单的方法，即通过增加 DES 的密钥长度来避免类似攻击。3DES 并不是一种全新的分组密码算法。

3DES 是 DES 向 AES 过渡的分组密码算法，NIST 在 1999 年将 3DES 指定为过渡的加密标准。3DES 的具体实现如下：设 $E_k()$和 $D_k()$代表 DES 算法的加密和解密过程，K 代表 DES 算法使用的密钥，P 代表明文，C 代表密文，则 3DES 加密过程为

$$C = E_{k_3}\{D_{k_2}[E_{k_1}(P)]\}$$

3DES 解密过程为

$$P = D_{k_1}\{E_{k_2}[D_{k_3}(C)]\}$$

k_1、k_2、k_3 决定了算法的安全性，若三个密钥互不相同，本质上就相当于用一个 168 位的密钥进行加密。多年来，3DES 在对付暴力攻击时是比较安全的。若数据对安全性要求不那么高，k_1 可以等于 k_3。在这种情况下，密钥的有效长度为 112 位。

4.2.2.2 分组密码算法 AES

AES 密码算法也有一个发展演变过程，它是由 Square 密码算法改良而来的，而 Square 密码算法又是由 SHARK 密码算法发展而来的。AES 密码算法不同于 DES 密码算法，它采用代换-置换网络而非 Feistel 网络架构。

AES 算法是当今正在广泛使用的密码算法标准，本书以示例方式较为详细地介绍 AES 算法。

AES 算法逻辑框图如图 4.15 所示。

AES 算法的加密过程（解密过程亦然）是在一个 4×4 的字节矩阵上运行的，这个矩阵又称为状态（State），其初值就是一个明文分组（矩阵中一个元素就是明文分组中的一个字节）。加密时，各轮 AES 加密循环（除最后一轮外）均包含 4 个步骤：

（1）Substitute Bytes：字节代替。

（2）Shift Rows：行移位。

（3）Mix Columns：列混合。

（4）Add Round Key：轮密钥模 2 加。

最后一个加密循环中省略 Mix Columns 步骤，而以另一个 Add Round Key 取代。

以 128 比特明文和 128 比特密钥的 AES 为例介绍整个加密过程，如下所示。

明文：`00 01 02 03 04 05 06 07 08 09 0a 0b 0c 0d 0e 0f`。

密钥：`12 34 56 78 90 ab cd ef 13 24 57 68 9a 0b ce df`。

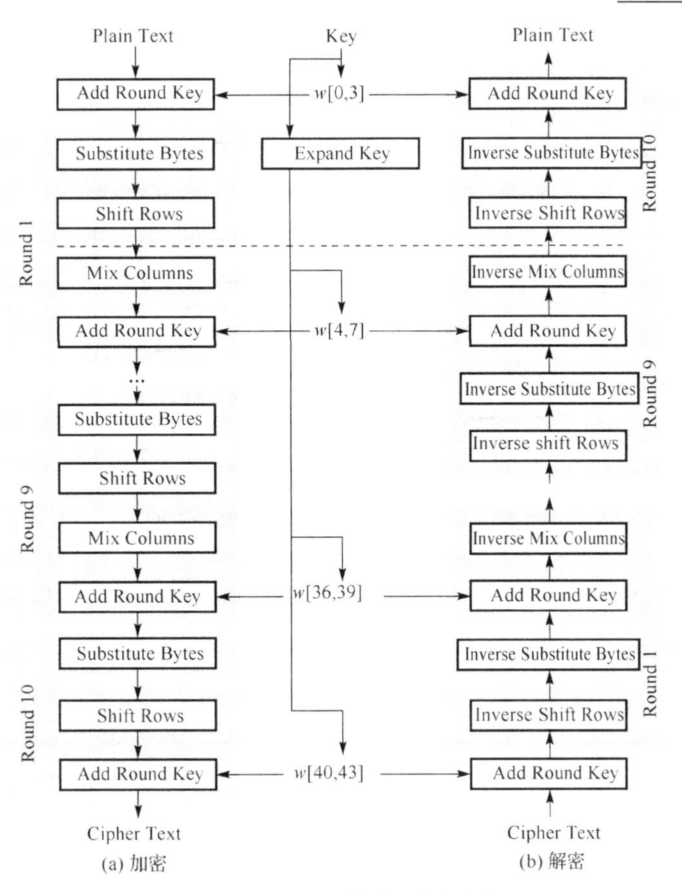

图 4.15　AES 算法逻辑框图

（1）将明文和密钥分组，如下所示。

00	04	08	0c
01	05	09	0d
02	06	0a	0e
03	07	0b	0f

$\oplus$

12	90	13	9a
34	ab	24	0b
56	cd	57	ce
78	ef	68	df

（2）轮密钥模 2 加后作为下一层变换的起始状态，可以看出这是一次形态的变换。

$$00 \oplus 12=12$$

$$04 \oplus 90=94$$

$$08 \oplus 13=1b$$

$$0c \oplus 9a=96$$

$$\cdots$$

$$0f \oplus df=d0$$

（3）轮函数迭代。AES 算法的第 i+1 层变换如图 4.16 所示。

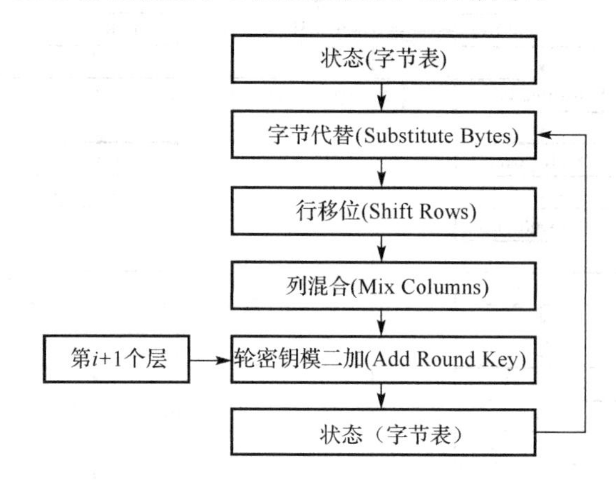

图 4.16　AES 算法第 i+1 层变换示意图

（4）字节代替（Substitute Bytes）。将步骤（2）的结果通过 S 盒再进行一次变形代替，S 盒如下所示。

		y															
		0	1	2	3	4	5	6	7	8	9	a	b	c	d	e	f
x	0	63	7c	77	7b	f2	6b	6f	c5	30	01	67	2b	fe	d7	ab	76
	1	ca	82	c9	7d	fa	59	47	f0	ad	d4	a2	af	9c	a4	72	c0
	2	b7	fd	93	26	36	3f	f7	cc	34	a5	e5	f1	71	d8	31	15
	3	04	c7	23	c3	18	96	05	9a	07	12	80	e2	eb	27	b2	75
	4	09	83	2c	1a	1b	6e	5a	a0	52	3b	d6	b3	29	e3	2f	84
	5	53	d1	00	ed	20	fc	b1	5b	6a	cb	be	39	4a	4c	58	cf
	6	d0	ef	aa	fb	43	4d	33	85	45	f9	02	7f	50	3c	9f	a8
	7	51	a3	40	8f	92	9d	38	f5	bc	b6	da	21	10	ff	f3	d2
	8	cd	0c	13	ec	5f	97	44	17	c4	a7	7e	3d	64	5d	19	73
	9	60	81	4f	dc	22	2a	90	88	46	ee	b8	14	de	5e	0b	db
	a	e0	32	3a	0a	49	06	24	5c	c2	d3	ac	62	91	95	e4	79
	b	e7	c8	37	6d	8d	d5	4e	a9	6c	56	f4	ea	65	7a	ae	08
	c	ba	78	25	2e	1c	a6	b4	c6	e8	dd	74	1f	4b	bd	8b	8a
	d	70	3e	b5	66	48	03	f6	0e	61	35	57	b9	86	c1	1d	9e
	e	e1	f8	98	11	69	d9	8e	94	9b	1e	87	e9	ce	55	28	df
	f	8c	a1	89	0d	bf	e6	42	68	41	99	2d	0f	b0	54	bb	16

$$S(12)=\mathrm{c9}$$

$$S(94)=22$$

$$S(1\mathrm{b})=\mathrm{af}$$

$$S(96)=90$$

…

S(d0)=70

第 1 轮起始状态经过 S 盒变换后的结果为：

12	94	1b	96
35	ae	2d	06
54	cb	5d	c0
7b	e8	63	d0

c9	**22**	**af**	**90**
96	e4	a8	6f
20	1f	4c	ba
21	9b	fb	**70**

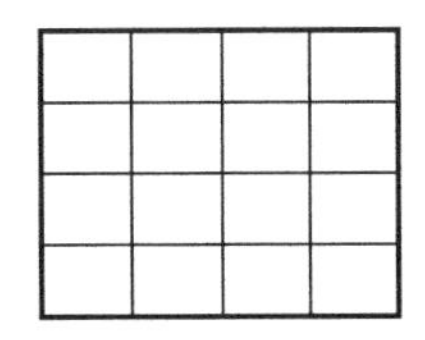

⊕

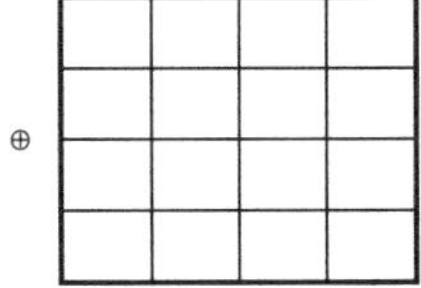

（5）行移位（Shift Rows），如下所示。

S=

$S_{0,0}$	$S_{0,1}$	$S_{0,2}$	$S_{0,3}$
$S_{1,0}$	$S_{1,1}$	$S_{1,2}$	$S_{1,3}$
$S_{2,0}$	$S_{2,1}$	$S_{2,2}$	$S_{2,3}$
$S_{3,0}$	$S_{3,1}$	$S_{3,2}$	$S_{3,3}$

S'=

$S_{0,0}$	$S_{0,1}$	$S_{0,2}$	$S_{0,3}$
$S_{1,1}$	$S_{1,2}$	$S_{1,3}$	$S_{1,0}$
$S_{2,2}$	$S_{2,3}$	$S_{2,0}$	$S_{2,1}$
$S_{3,3}$	$S_{3,0}$	$S_{3,1}$	$S_{3,2}$

这仅是一种位置的变换。S 盒变换后，经行移位变换后的结果为：

c9	22	af	90
96	e4	a8	6f
20	1f	4c	ba
21	9b	fb	70

c9	22	af	90
e4	a8	6f	96
4c	ba	20	1f
70	21	9b	fb

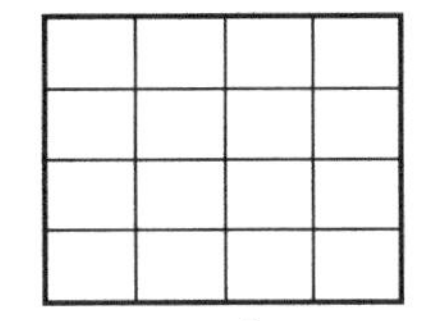

⊕

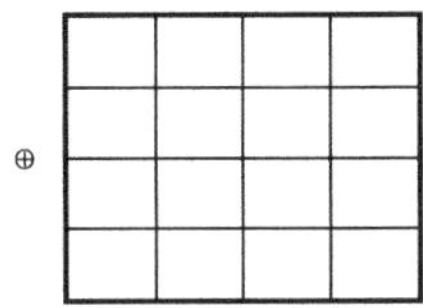

（6）列混合（Mix Columns）。将状态的列看成有限域上 GF(2^8)上的多项式 $S(x)$，与多项式 $a(x)=\{03\}x^3+\{01\}x^2+\{01\}x+\{02\}$相乘（模 x^4+1）。

令 $S'(x)=a(x)\oplus S(x)$，写成矩阵的形式，即

$$\begin{pmatrix} S'_{0,c} \\ S'_{1,c} \\ S'_{2,c} \\ S'_{3,c} \end{pmatrix} = \begin{pmatrix} 02 & 03 & 01 & 01 \\ 01 & 02 & 03 & 01 \\ 01 & 01 & 02 & 03 \\ 03 & 01 & 01 & 02 \end{pmatrix} = \begin{pmatrix} S_{0,c} \\ S_{1,c} \\ S_{2,c} \\ S_{3,c} \end{pmatrix}$$

$$S'_{0,c}=(\{02\}\bullet S_{0,c})\oplus(\{03\}\bullet S_{1,c})\oplus S_{2,c}\oplus S_{3,c}$$

$$S'_{1,c}=S_{0,c}\oplus(\{02\}\bullet S_{1,c})\oplus(\{03\}\bullet S_{2,c})\oplus S_{3,c}$$

$$S'_{2,c}=S_{0,c}\oplus S_{1,c}\oplus(\{02\}\bullet S_{2,c})\oplus(\{03\}\bullet S_{3,c})$$

$$S'_{3,c}=(\{03\}\bullet S_{0,c})\oplus S_{1,c}\oplus S_{2,c}\oplus(\{02\}\bullet S_{3,c})$$

$$\bmod m(x)=x^8+x^4+x^3+x+1$$

这是该标准中最有特色的一种形态变换。一般来说，AES 算法的计算是在一个特殊的有限域上完成的，它运用有限域上多项式运算来达到改变形态的目的。在多项式运算中，当数值（多项式总是可以用数值表示的）大于或等于 256 时，它进行模运算的数值是 283

（100011011），一般模数值都是 2^n。当不是 2^n 时，模数值就发生变化了。例如，当模数值为 13（1101）时，数值大于或等于 8 时就要模运算了。

1000	1001	1010	1011	1100	1101	1110	1111
1101	1101	1101	1101	1101	1101	1101	1101
0101	0100	0111	0110	0001	0000	0011	0010
8≡5	9≡4	10≡7	11≡6	12≡1	13≡0	14≡3	15≡2

```
82=02•c9 ⊕ 03•e4 ⊕ 01•4c ⊕ 01•70             be=01•c9 ⊕ 02•e4 ⊕ 03•4c ⊕ 01•70
11001001(c9)        11100100(e4)              01001100(4c)
00000010(02)        00000011(03)              00000011(03)
-------------------------------------------------------------------------
110010010           11100100                  01001100
                   11100100                  01001100
-------------------------------------------------------------------------
                   100101100(03•e4)          011010100(03•4c)
                   110010010(02•c9)            11001001(01•c9)
                    01001100(4c)             111001000(02•e4)
                    01110000(70)               01110000(01•70)
-------------------------------------------------------------------------
                    010000010(82)（小于 256） 110100101(1a5)（大于 256）
  模 m(x)=x^8+x^4+x^3+x+1(100011011) ——→      100011011
-------------------------------------------------------------------------
                                             010111110(be)
```

其余的都可以按此规律计算出来。

经列混合变换后的结果为：

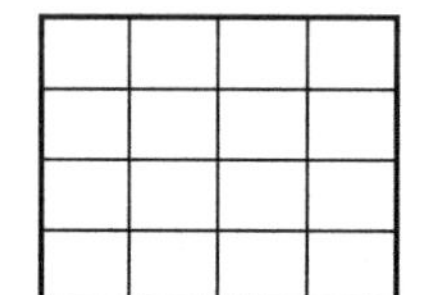

c9	22	af	90
e4	a8	6f	96
4c	ba	20	1f
70	21	9b	fb

82	ac	4f	7e
be	7d	8a	7d
25	F6	36	2e
08	46	88	cf

⊕

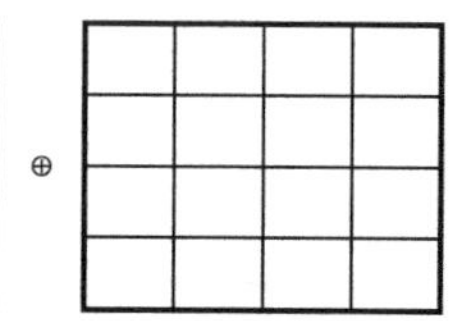

（7）轮密钥模 2 加（Add Round Key）。与下轮密钥模 2 加，即

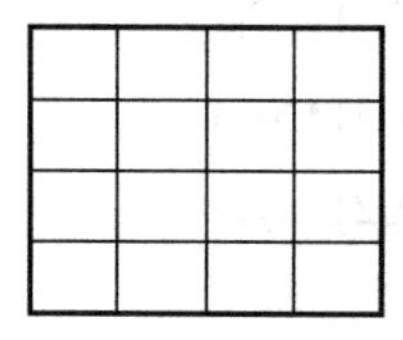

82	ac	4f	7e
be	7d	8a	7d
25	F6	36	2e
08	46	88	cf

⊕

38	a8	bb	21
bf	14	30	3b
c8	05	52	9c
c0	2f	47	98

可得到新一轮状态字节表。继续步骤（4）～步骤（6）的变换，直至最后一轮输出密文为止。

AES 算法的密钥扩展算法已超出本书“浅说”的范围，不再赘述，有兴趣的读者可参阅相关资料。

上述完整示例如下：

明文：00 01 02 03 04 05 06 07 08 09 0a 0b 0c 0d 0e 0f。

密钥：12 34 56 78 90 ab cd ef 13 24 57 68 9a 0b ce df。

密文：82 68 de f7 87 75 0f 0c 95 5e 96 b8 a3 d9 16 db。

根据 AES 算法的设计准则，在密钥长度和分组长度均为 128 比特的情况下，加密运算由 9 轮函数运算（字节代替、行移位、列混合、轮密钥模 2 加），特殊的首轮运算（只是明文与密钥模 2 加）和末轮运算（仅包含字节代替和轮密钥模 2 加）构成。具体运算如下：

首轮：

00	04	08	0c																		12	90	13	9a
01	05	09	0d																	⊕	34	ab	24	0b
02	06	0a	0e																		56	cd	57	ce
03	07	0b	0f																		78	ef	68	df

第 1 轮：

12	94	1b	96		c9	22	af	90		c9	22	af	90		82	ac	4f	7e		38	a8	bb	21
35	ae	2d	06		96	e4	a8	6f		e4	a8	6f	96		be	7d	8a	7d	⊕	bf	14	30	3b
54	cb	5d	c0		20	1f	4c	ba		4c	ba	20	1f		25	F6	36	2e		c8	05	52	9c
7b	e8	63	d0		21	9b	fb	70		70	21	9b	fb		08	46	88	cf		c0	2f	47	98

第 2 轮：

ba	04	f4	5f		f4	f2	bf	cf		f4	f2	bf	cf		fb	27	72	86		d8	70	cb	ea
01	69	ba	46		7c	f9	f4	5a		f9	f4	5a	7c		83	b0	0d	aa	⊕	61	75	45	7e
ed	f3	64	b2		55	0d	43	37		43	37	55	0d		66	4b	5f	2c		8e	8b	d9	45
c8	69	cf	57		e8	f9	8a	5b		5b	e8	f9	8a		0b	05	3c	34		3d	12	55	cd

第 3 轮：

23	57	ec	6c		26	5b	ce	50		26	5b	ce	50		60	bc	34	50		2f	5f	94	7e
e2	c5	48	d4		98	a6	52	48		a6	52	48	98		24	ea	18	57	⊕	0f	7a	3f	41
e8	c0	86	69		9b	ba	44	f9		44	f9	9b	ba		b8	ef	a0	b7		33	b8	61	24
36	17	69	f9		05	f0	f9	99		99	05	f0	f9		a1	4c	61	3b		ba	a8	fd	30

第 4 轮：

4f	e3	a0	2e		84	11	e0	31		84	11	e0	31		e0	1e	46	ef		a4	fb	6f	11
2b	90	27	16		f1	60	cc	47		60	cc	47	f1		e7	42	40	fb	⊕	39	43	7c	3d
8b	57	c1	93		3d	5b	78	dc		78	dc	3d	5b		69	94	66	0f		37	8f	ee	ca
1b	e4	9c	0b		af	69	de	2b		2b	af	69	de		d9	66	93	5e		49	e1	1c	2c

第 5 轮：

44	e5	29	fe
de	01	3c	c6
5e	1b	88	c5
90	87	8f	72

1b	d9	a5	bb
1d	7c	eb	b4
58	af	c4	a6
60	17	73	40

1b	d9	a5	bb
7c	eb	b4	1d
c4	a6	58	af
40	60	17	73

36	49	d9	96
f4	85	29	18
34	c5	98	76
15	fd	36	82

⊕

93	68	07	16
4d	0e	72	4f
46	c9	27	ed
cb	2a	36	1a

第 6 轮：

a5	21	de	80
b9	8b	5b	57
72	0c	bf	9b
de	d7	00	98

06	fd	1d	cd
56	3d	39	5b
40	fe	08	14
1d	0e	63	46

06	fd	1d	cd
3d	39	5b	56
08	14	40	fe
46	1d	0e	63

05	a3	99	e6
22	ae	65	1b
e1	cb	d4	d9
b3	0b	20	22

⊕

37	5f	58	4e
18	16	64	2b
e4	2d	0a	e7
8c	a6	90	8a

第 7 轮：

32	fc	c1	a8
3a	b8	01	30
05	e6	de	3e
3f	ad	b0	a8

23	b0	78	c2
80	6c	7c	04
6b	8e	1d	b2
75	95	e7	c2

23	b0	78	c2
6c	7c	04	80
1d	b2	6b	8e
c2	75	95	e7

2d	38	02	6d
1e	f0	58	B7
28	2c	0e	77
8b	ef	d6	86

⊕

86	d9	81	cf
8c	9a	fe	d5
9a	b7	bd	5a
a3	05	95	1f

第 8 轮：

a5	e1	83	a2
92	6a	a6	62
b2	9b	b3	2d
28	ea	43	99

62	f8	ec	3a
4f	02	24	aa
37	14	6d	d8
34	87	1a	ee

62	f8	ec	3a
02	24	aa	4f
6d	d8	37	14
ee	34	87	1a

41	6b	96	ab
3f	f7	7d	82
93	2b	ba	73
0e	87	a7	21

⊕

05	dc	5d	92
32	a8	56	83
5a	ed	50	0a
29	2c	b9	a6

第 9 轮：

44	b7	cb	39
0d	5f	2b	01
c9	c6	ea	79
27	ab	1e	87

1b	a9	1f	12
df	cf	f1	7c
dd	b4	87	b6
cc	62	72	17

1b	a9	1f	12
cf	f1	7c	df
87	b6	dd	b4
17	cc	62	72

ec	3b	05	80
1b	5d	f9	12
f8	60	64	20
4b	24	44	b1

⊕

f2	2e	73	e1
55	fd	ab	28
7e	93	c3	c9
66	4a	f3	55

末轮：

1e	15	76	61
4e	a0	52	3a
86	f3	a7	e9
2d	6e	b7	e4

72	59	38	ef
2f	e0	00	80
44	0d	5c	1e
d8	9f	a9	69

72	59	38	ef
e0	00	80	2f
5c	1e	44	0d
69	d8	9f	a9

⊕

f0	de	ad	4c
88	75	de	f6
82	11	d2	1b
9e	d4	27	72

输出密文为：

82	87	95	a3
68	75	5e	d9
de	0f	96	16
f7	0c	b8	db

4.3　非对称密钥密码体制（公开密钥密码体制）

从逻辑上讲，只要不是对称密钥的密码体制，均可称为非对称密钥密码体制。但是，目前仅提出了一种非对称密钥密码体制——公开密钥密码体制，因此，本文不区分非对称密钥密码体制和公开密钥密码体制，认为两者是等同的（也可能今后研究表明非对称密钥密码体制只有公开密钥密码体制这一种，那两者实际上就等同了）。

DES 的出现表明：密码算法可以公开，只要保证密钥安全，密码仍然是安全的。这已经颠覆了密码学的历史传统和观念。但是，保证密钥安全，包括密钥的生成、分发、更换、销毁等全生命周期的安全，也不是一件容易的事。20 世纪 70 年代以来，网络通信发展迅猛，在高度自动化大型网络中，密钥管理问题更加突出。

比如，有 n 个人要互相进行保密通信，每一个人就必须保存另外 $n-1$ 个人的密钥，网络中需要保存 $n(n-1)/2$ 个密钥，给密钥管理带来极大的不便；又比如，n 个互不相识的人要进行网络保密通信（这是经常发生的），他们相互之间必须事先协商出一个交互密钥。为此，设计出了诸多密钥管理方案，如 KMI（Key Management Infrastructure，密钥管理基础设施）、KDC（Key Distribution Centre，密钥分配中心）等，但是这将不可避免地导致网络成本的增加，以及性能的下降。

1976 年，美国斯坦福大学的研究人员 Diffie 和 Hellman 经多年研究，率先提出一种可有效解决网络通信安全问题的新密码体制——公开密钥密码体制。它的基本思想是：**加密和解密使用两个完全不同的密钥，加密密钥是公开的（公钥），解密密钥是保密的（私钥）；任何人想通过加密密钥导出解密密钥在计算上都是非常困难的**。这在现代密码学上确实是一个创新性的思想，再次颠覆了密码学的历史传统和观念，树立了**现代密码学的第二个里程碑**。公开密钥密码体制不仅公开了密码算法，而且公开了加密密钥，这为网络通信的信息安全带来了不可估量的正面影响，具有划时代的意义。

4.3.1　公开密钥密码算法 RSA

Diffie 和 Hellman 在提出公开密钥密码体制时，并没有给出一个具体的公开密钥密码算法。但是不久之后，人们就找到三种公开密钥密码算法，分别是基于 NP 完全问题的 Merkel-Hellman 背包算法、基于数论中大数分解难题的 RSA 算法、基于纠错编码理论的 McEliece 算法。其中，知名度最高而且应用最广泛的是 RSA 算法。RSA 算法由美国麻省理工学院三位年轻教授 R. Rivest、Adi Shamir 和 Len Adleman 提出，并以三人名字的首字母命名。

4.3.1.1 RSA 算法的基本内容

RSA 算法基于数论中大数分解难题，使得数论这个数学分支在信息化时代焕发出了青春，展现出了魅力。RSA 算法基本内容描述如下：

1）产生密钥对

选择两个大素数 p、q，并计算出它们的乘积 n，即

$$n=pq$$

以及 n 的欧拉函数值 $\phi(n)$，即

$$\phi(n)=(p-1)(q-1)$$

随机选取一个与 $\phi(n)$互素的整数 e，并计算它在模 $\phi(n)$下的逆元 d，即

$$d=e^{-1} \bmod \phi(n)$$

取公钥为 n 和 e，n 为模数，e 为加密密钥；取私钥为 d，d 为解密密钥。

2）使用公开密钥加密消息

通常消息明文都编码成二进制的数字串，在加密前先将消息串按固定长度进行分组，然后针对每个分组进行加密。

不妨记其中一个消息分组对应十进制整数为 x，其加密方法为

$$y=x^e \bmod n$$

y 就是消息 x 加密后所得到的密文。

3）使用私钥解密消息

$$x=y^d \bmod n$$

4.3.1.2 RSA 算法的密码学原理

RSA 算法的核心是欧拉（Euler）函数 $\phi(n)$，$\phi(n)$的定义是小于 n 且与 n 互素的正整数的个数。例如，$\phi(6)=2$，因为小于 6 且与 6 互素的数有 1 和 5，共 2 个；再如，$\phi(7)=6$，因为小于 7 且与 7 互素的数有 1、2、3、4、5 和 6，共 6 个。

欧拉在公元前 300 多年就发现了函数 $\phi(n)$的一个十分有趣的性质，那就是对于任意小于 n 且与 n 互素的正整数 m，m 的 $\phi(n)$次方幂除 n 余数为 1，即

$$m^{\phi(n)} \bmod n=1$$

例如，$5^{\phi(6)} \bmod 6=5^2 \bmod 6=25 \bmod 6=1$。

RSA 算法的加密和解密运算正是利用了该性质：公钥 e 加密明文 x 的运算是 $y=x^e \bmod n$，私钥 d 解密密文 y 的运算是 $y^d=(x^e)^d=x^{e \cdot d} \bmod n$，根据 $e \cdot d=1 \bmod \phi(n)$的事实和 ϕ 函数的性质容易计算得到 $y^d \bmod n=x$。

4.3.1.3　RSA 算法的破译困难性

破译 RSA 算法需要根据公钥 e 和大整数 n 计算出私钥 d。因为私钥 d 是公钥 e 模 $\phi(n)$的逆元 $d=e^{-1} \bmod \phi(n)$，所以求取私钥 d 的根本在于计算 $\phi(n)$。当 n 很小时，计算 $\phi(n)$并不困难，使用穷举法即可求出；但是，当 n 很大时，计算 $\phi(n)$就变得十分困难了。

不过在特殊情况下，利用 $\phi(n)$的两个性质可以极大地减少运算量。

性质 1：如果 p 是素数，则 $\phi(p)=p-1$。

性质 2：如果 p 和 q 均为素数，则 $\phi(p \cdot q)=\phi(p) \cdot \phi(q)$。

RSA 算法恰好利用了这两条性质来设计密码系统的公钥、私钥对：将 p 与 q 的乘积 n 与加密密钥 e 一并作为公钥公布，而 n 的因子 p 和 q 却保留起来，不对外公布。

对于攻击者来说，尽管可以知道 n，但却无法知道 p 和 q，因此很难求得 $\phi(n)$。这时，攻击者要么强行计算 $\phi(n)$，要么尝试对 n 进行因数分解求得 p 和 q。但是，在大数范围内进行因数分解是十分困难的，攻击者很难成功。由此可见，破译 RSA 算法的基本问题可以看成分解两个大素数的乘积——大合数 n。合数分解最简单的方法是穷举，但由于 RSA 算法使用的合数一般都非常大，目前的计算能力在它面前显得渺小无力。除非计算数论研究有惊人的突破，或者计算机运算能力出现几何级数增长（如量子计算），因数分解在很长时间内仍是个非常困难的问题。

1977 年，Mirtin Gardner 在 *Scientific American* 杂志上撰文介绍 RSA 算法，同时给出了一个 129 位数的 n 和一个 4 位数的 e，以及一个 128 位数的加密密文。RSA 公司悬赏 100 美元奖给第一个破译该密码的人。RSA 公司综合考虑了计算能力的发展，认为分解一个 129 位数的因子大约要花 23000 年，按复利计算，100 美元将变成 500 位数的一笔巨款。然而，RSA-129 仅仅在 17 年之后就败下阵来，使它败下阵的计算从开始到结束只花了不到一年时间。该项行动召集了分布在 20 余个国家约 600 余位因子分解迷，经过 8 个多月努力于 1994 年 4 月为 RSA-129 找到了 64 位数和 65 位数的两个素数因子，成功将那段密文解密为明文：The magic words are squeamish ossifrage。

4.3.2　ECC 算法的基本内容

4.3.2.1　ECC 密码学原理

椭圆曲线源自于椭圆积分，是由 Weierstrass 方程所确定的平面曲线，即

$$y^2+a_1xy+a_3y=x^3+a_2x^2+a_4x+a_6 \qquad (4\text{-}1)$$

式中，系数 a_i（i=1,2,⋯,6）定义在某个域上，可以是有理数域、实数域、复数域，还可以是有限域 GF(p^r)，椭圆曲线密码体制中用到的椭圆曲线都是定义在有限域上的。

椭圆曲线上所有的点外加一个称为无穷远点的特殊点构成的集合，连同一个定义的加法运算构成一个 Abel 群。在等式

$$mP=P+P+\cdots+P=Q \qquad (4\text{-}2)$$

中，已知 m 和点 P 求点 Q 比较容易，反之已知点 Q 和点 P 求 m 则相当困难，这个问题称为椭圆曲线上点群的离散对数问题。椭圆曲线密码体制正是利用这个特点设计的。

设 $K=kG$，其中 K、G 为 $E_p(a,b)$上的点，k 为小于 n 的整数，n 是点 G 的阶，给定 k 和 G，计算 K 容易，但是给定 K 和 G，求 k 就很难了。因此，设 K 为公钥，k 为私钥，G 为基点。

在椭圆曲线中，真正具有密码实用价值的主要是基于二元域 GF(2^n)和素数域 GF(p)的椭圆曲线。

实例 4-6：

以素数域 F_p 为计算例子，取素数 p=19。

（1）素数域 F_{19}={0,1,2,⋯,18}。

（2）F_{19} 中加法的示例：10、14∈F_{19}，10+14=24，24 mod 19=5，则 10+14=5。

（3）F_{19} 中乘法的示例：7、8∈F_{19}，7×8=56，56 mod 19=18，则 7×8=18。

（4）若 13 是 F_{19} 的一个生成元，则 F_{19} 中元素可由 13 的方幂表示出来，即

$13^0=1$； $13^1=13$； $13^2=17$； $13^3=12$； $13^4=4$； $13^5=14$； $13^6=11$；
$13^7=10$； $13^8=16$； $13^9=18$； $13^{10}=6$； $13^{11}=2$； $13^{12}=7$； $13^{13}=15$；
$13^{14}=5$； $13^{15}=8$； $13^{16}=9$； $13^{17}=3$； $13^{18}=1$

注意：记 $F\times p$ 是由 F_p 中所有非零元构成的乘法群，由于 $F\times p$ 是循环群，所以在 F_p 中至少存在一个元素 g，使得 F_p 中任一非零元都可以由 g 的一个方幂表示，称 g 为 $F\times p$ 的生成元（或本原元），即 $F\times p=\{g^i|0\leqslant i\leqslant p-2\}$。

设 $a=g^i\in F\times p$，其中 $0\leqslant i\leqslant p-2$，则 a 的乘法逆元为：

$$a^{-1}=g^{p-1-i}$$

$E(F_p)$阶与仿射坐标表示如下：

F_{19} 上椭圆曲线方程为 $y^2=x^3+x+1$，其中 a=1，b=1,则 F_{19} 上曲线的点为

(0, 1), (0,18), (2, 7), (2,12), (5, 6), (5,13), (7, 3),
(7,16), (9, 6), (9,13), (10, 2), (10,17), (13, 8), (13,11),
(14, 2), (14,17), (15, 3), (15,16), (16, 3), (16,16)

$$I = (\text{无穷远点})$$

则 $E(F_{19})$有 21 个点（包括无穷远点）。

① 取 $P_1=(10,2)$，$P_2=(9,6)$，计算 $P_3=P_1+P_2$：

$$\lambda=(y_2-y_1)/(x_2-x_1)=(6-2)/(9-10)=4/(-1)=-4\equiv 15 \bmod 19$$

$$x_3=\lambda^2-x_1-x_2=15^2-10-9=225-10-9\equiv 16-10-9=-3\equiv 16 \bmod 19$$

$$y_3=\lambda(x_1-x_3)-y_1=15\times(10-16)-2=15\times(-6)-2\equiv 3 \bmod 19$$

所以 $P_3=(16,3)$。

② 取 $P_1=(10,2)$，计算 $2P_1$：

$$\lambda=(3x_1^2+a)/(2y_1)=(3\times 10^2+1)/(2\times 2)=4\equiv 4 \bmod 19$$

$$x_3=\lambda^2-2x_1=4^2-20=-4\equiv 15 \bmod 19$$

$$y_3=\lambda(x_1-x_3)-y_1=4\times(10-15)-2=-22\equiv 16 \bmod 19$$

所以 $2P_1=(15,16)$。

4.3.2.2　ECC 密码算法

椭圆曲线密码算法（Elliptic Curves Cryptography，ECC）是基于椭圆曲线离散对数问题的密码算法的总称，属于公开密钥密码算法。一个具体的椭圆曲线密码算法总是建立在一条具体的椭圆曲线上的。椭圆曲线系统参数可以公开，系统的安全性并不依赖于对这些参数的保密。

首先要选取一条椭圆曲线 $y^2=x^3+ax+b$，在密码学中，描述一条 F_p 上的椭圆曲线，常用到 6 个参量 $T=(p,a,b,G,n,h)$，其中，p、a、b 用来确定一条椭圆曲线，G 为基点，n 为点 G 的阶，h 是椭圆曲线上所有点的个数 m 与 n 相除的整数部分。这几个参量取值的选择，直接影响加密的安全性。参量值一般要求满足以下几个条件：

（1）p 越大越安全，但计算速度会越慢，通常，200 位左右可以满足一般安全要求。

（2）$p\neq n\times h$。

（3）$pt\neq 1 \bmod n$，$1\leqslant t<20$。

（4）$4a^3+27b^2\neq 0 \bmod p$。

（5）n 为素数。

（6）$h\leqslant 4$。

参数位长必须为 160、192、224 或 256。

实例 4-7：

ECC 加解密示例。

椭圆曲线取 $y^2=x^3+4x+20 \bmod 29$，因为素数 $p=29$ 比较小，可以穷举计算出来它有 37 个节点，即

(0, 7), (0,22), (1, 5), (1,24), (2, 6), (2,23),
(3, 1), (3,28), (4,19), (4,10), (5, 7), (5,22),
(6,12), (6,17), (8,10), (8,19), (10, 4), (10,25),
(13,23), (13, 6), (14, 6), (14,23), (15, 2), (15,27),
(16, 2), (16,27), (17,10), (17,19), (19,16), (19,13),
(20, 3), (20,26), (24, 7), (24,22), (27, 2), (27,27),
I=(无穷远点)

下面是 ECC 加/解密过程。

公开的参数为 $T[p=29，a=4，b=20，G=(13,23)，n=37，h=1]$，这里取 $G=(13,23)$作为循环群 E 的生成元，E 为 37 阶群，由上面 37 个解点组成。p 和 n 比较小，可以穷举计算出来 iG（$0\leqslant i\leqslant p-2$），也就是循环群 E 的元素。

G=(13,23), 2G=(27,27), 3G=(24, 7), 4G=(20, 3), 5G=(16,27),
6G=(5, 7), 7G=(15, 2), 8G=(17,19), 9G=(0,22), 10G=(10, 4),
11G=(1,24), 12G=(14, 2), 13G=(2, 6), 14G=(8,19), 15G=(4,19),
16G=(19,13), 17G=(3,28), 18G=(6,17), 19G=(6,12), 20G=(3, 1),
21G=(19,16), 22G=(4,10), 23G=(8,10), 24G=(2,23), 25G=(14, 6),
26G=(1, 5), 27G=(10,25), 28G=(0, 7), 29G=(17,10), 30G=(15,27),
31G=(5,22), 32G=(16, 2), 33G=(20,26), 34G=(24,22), 35G=(27, 2),
36G=(13, 6), 37G=I

例如，a,b,c,⋯,z 依次编码成 00,01,02,⋯,25，也可以多编码几个符号（最多可编码 37 个），如空格编码编码成 26、逗号编码成 27、句号编码成 28 等。

甲、乙两人各有一个公开密钥，比如甲的是（14,23），乙的是（6,12），可互相查得到。但是上面那 37 个解点他们都不知道，因为 ECC 把 p 取得相当大，n 也相当大，要把 n 个解点逐一算出来列成上表是不可能的。

现在，甲把“i love you”加密发给乙。甲先随意取一个数字，如 29，这个数字是保密的，只有甲自己知道，然后计算出 $29G=(17,10)=(x_1,y_1)$，再用 29 乘以乙的公钥（6,12），得到 $29(6,12)=(20,26)=(x_2,y_2)$。甲先把信息“i love you”编码成数字：i 对应 08，空格对应 26，l 对应 11⋯编码得到明文 M=08261114210426241420。然后进行分段加密，因为这里 37 是个比较小的数，只能每个字母分为一段，加密公式是 $c=mx_2 \bmod(37)$。i 对应 08，08 加密成 8×20

mod(37)=12，空格 26 加密成 02，1 对应 11，11 加密成 35，依次下去，就可得到密文 C=120235211306023621 30。甲把(x_1,y_1)=(17,10)，加上密文 C=12023521130602362130 发给乙。

乙的解密方法是：乙知道自己的公钥(6,12)=19G，他用 19 乘以(x_1,y_1)，计算 19(17,10)=(20,26)=(x_2,y_2)，就可得知(x_2,y_2)，他的解码公式是 $M=C/x_2$ mod(37)，1/20 mod(37)=13，也就是 $M=C\times13$ mod(37)。密文第一段 12 解码为 12×13 mod(37)=08，第二段 02 解码 2×13 mod(37)=26，依次计算可得到明文 M=08261114210426241420。根据字母编码规则换成文字就是甲的信息“i love you”。

4.3.2.3 ECC 加解密过程和签名验签过程

1）加解密过程

A 选定一条椭圆曲线 $E_p(a,b)$，并取曲线上一点作为基点 G；A 选择一个私钥 k，并生成公钥 $K=kG$；A 将 $E_p(a,b)$和 k、G 一起发送给 B。

B 收到后将明文编码到 $E_p(a,b)$上一点 M，并产生一个随机数 r；B 计算点 $C_1=M+rK$，$C_2=rG$；B 将 C_1、C_2 发送 A。

A 计算 $C_1-kC_2=M+rkG-krG=M$；A 对 M 解码即可得到明文。

攻击者 H 只能得到 $E_p(a,b)$、G、K、C_1、C_2，而通过 K、G 求 K 或通过 C_2、G 求 r 都是相当困难的，因此 H 无法得到 A、B 间传送的明文信息。

2）签名验签过程

A 选定一条椭圆曲线 $E_p(a,b)$，并取曲线上一点作为基点 G；A 选择一个私钥 k，并生成公钥 $K=kG$；A 产生一个随机数 r，计算 $R(x,y)=rG$；A 计算 Hash=SHA(M)，$M'=M(\text{mod } p)$；A 计算 $S=(\text{Hash}+M'k)/r(\text{mod } p)$。

B 获得 S、M'、$E_p(a,b)$、K、$R(x,y)$；B 计算 Hash=SHA(M)，$M'=M(\text{mod } p)$，$R'=(\text{Hash}\times G+M'\times K)/S=(\text{Hash}\times G+M'\times kG)\times r/(\text{Hash}+M'k)=rG=R(x,y)$，若 $R'=R$，则验签成功。

以上加/解密和签名验签过程只是一个例子，具体应用时可以利用 $K=kG$ 这一特性变幻出多种加/解密方式。

4.3.2.4 ECC 安全性分析

ECC 的安全主要依赖于椭圆曲线离散对数求解方法问题（ECDLP）。

对于一般曲线的离散对数问题，目前的求解方法都为指数级的计算复杂度，未发现有效的亚指数级计算复杂度的一般攻击方法；而对于某些特殊曲线的离散对数问题，存在多项式级计算复杂度或者亚指数级计算复杂度的算法。

在选择曲线时，应避免使用易受上述方法攻击的密码学意义上的弱椭圆曲线。

ECC 所基于的数学问题的困难性被公认是目前已知的公钥密码体制中，对每位提供加强密度是最高的。数学问题越难，意味着越小的密钥长度能产生等价的安全性。因此，与传统的公钥密码体制 RSA 相比，ECC 密码算法具有以下特点：

（1）安全性能更高：和 RSA 相比，ECC 单位比特的安全强度更高。

（2）计算量小和处理速度快：密钥长度缩短使得 ECC 的计算量大大减小，总速度比 RSA 快很多，同时 ECC 系统的密钥生成速度比 RSA 快百倍。

（3）存储空间小：在同等安全条件下，ECC 所占的存储空间要小得多。

（4）带宽要求低：应用于短消息时，ECC 带宽要求低很多。

ECC 密码算法可以应用在公钥密码（如 RSA）的所有应用中，如椭圆曲线密码体制（如 ECES）、数字签名体制（如 ECSA、ECDSA、Schnorr）、密钥交换协议（如 ECKEP、Diffie-Hellman）等。

由于 ECC 密码算法在安全性、实现代价和应用效率上较 RSA 密码都有明显的优势，目前已经被多家国际标准组织所接受，如 IEEE、ANSI、ISO、IETF、ATM 等，它们所开发的椭圆曲线标准的文档有 IEEE P1363、P1363a，ANSI X9.62、X9.63，ISO/IEC14888 等。我国国家密码管理局颁布的 SM2 算法也是基于 ECC 密码算法的。

4.3.3 公开密钥密码算法应用

4.3.3.1 应用之一——数据加密

公开密钥密码体制的出现，使得密钥交换变得十分便利。例如，有 $A_1,A_2,\cdots,A_n$ 个人，相互之间是否认识无所谓，每个人把自己的公钥公布出来，编辑成册，发布在网络上。如果需要和某个人进行保密通信，只需像查找电话号码本一样查找公钥，查到他的公钥后，用这个公钥将消息加密后发送至他。不用担心他人知晓这条消息，因为能够解密这条加密后消息的人，必须拥有相对应的私钥，而这个私钥只有这个人知道。

下面举例说明利用 RSA 算法进行加/解密的过程。

选择两素数 p=13、q=17，可计算得到 n=13×17=221，$\phi(n)$=12×16=192。

选择 e=5，可计算得到 $d=e^{-1} \bmod \phi(n)=5^{-1} \bmod 192=77$。

将 n=221、e=5 作为公钥，将 d=77 作为私钥。

假定要发送的明文消息 M 是字符串“OK!”，其 ASCII 编码表示为“79 75 33”。对明文消息 M 的加密可按照逐个字符方式进行。

$$(79)^5 \bmod 221=27$$
$$(75)^5 \bmod 221=147$$
$$(33)^5 \bmod 221=50$$

因此，得到加密后的密文消息 C 为“27 147 50”。

对密文消息 C 的解密也按照逐字符进行。

$$(27)^{77} \bmod 221=79$$
$$(147)^{77} \bmod 221=75$$
$$(50)^{77} \bmod 221=33$$

显然，密文消息得到正确解密，可成功还原出明文消息。

4.3.3.2　应用之二——数字签名

传统签名（手书签名、印章签名、指纹签名等）早已有之，其意义在于：一是签方不能否认，他方不能模仿；二是收方能够确认，不能否认收到；三是外人能够验证，而且可以核准（如法律）。

数字签名是指以电子形式存在于数据信息之中，或作为其附件，或在逻辑上与之有联系的数据，可用于辨别数据签署人身份，表明数据签署人认可数据信息中所含内容。

显然，数字签名不是传统签名的数字图像或数字编码，更不是任意的一串简单的阿拉伯数字。从本质上讲，数字签名是对电子文件或数据的一种密码变换，利用变换后的结果，既能随时验证数据是否真实完整，又能随时验证到底是谁签的名。

另外注意到：（1）数字签名除了与传统签名一样具有签署人不能否认的特点，还具有验证被签名文件完整性的特点，传统签名则不具备这一功能。（2）对签名方而言，传统签名应该一成不变，永远相同；而数字签名既与数据签署人有关，也与所签署的数据信息有关，因此，只要所签署的数据信息不同，尽管数据签署人相同，其数字签名的值也是不同的。数字签名的这一特点使得它可以对签名进行更细粒度的管理。

数字签名算法通常包括三个部分：密码参数生成算法、签名生成算法、签名验证算法。数字签名算法均以公开密钥密码算法为基础，目前实际使用的有 RSA、DSA、GOST、ESIGN 等算法。其中 DSA 算法被美国 NIST 作为数字签名标准，GOST 算法被俄罗斯作为数字签名标准。

本节以 RSA 签名算法为例说明数字签名。

（1）密码参数生成算法。发送方 A 生成 RSA 参数：选取素数 p、q，计算 $n=p \cdot q$，计算 $\phi(n)=(p-1) \cdot (q-1)$。随机选取一个与 $\phi(n)$互素的整数 e，并计算它在模 $\phi(n)$下的逆元 d，即

$$d=e^{-1} \bmod \phi(n)$$

取公钥为 n 和 e，n 为模数，e 为加密密钥；取私钥为 d，d 为解密密钥。

（2）签名生成算法。发送方 A 对消息 M 进行 HASH 运算，得到 $H(M)_A$；计算数字签名值 S_A，$S_A=(H(M)_A)^d \bmod n$；将 $H(M)_A$ 和 S_A 放在消息 M 的末尾一并发送给接收方 B。

（3）签名验证算法。接收方 B 接收到发送方 A 的消息后，首先对消息 M 进行 $H(M)_B$ 与 $H(M)_A$ 比较，以验证消息 M 的完整性，随后进行数字签名验证。因为发送方 A 的 n 和 e 是公

开的，接收方 B 可以进行$(S_A)^e \bmod n$，看结果是否与 $H(M)_A$ 相同，如果结果与 $H(M)_A$ 相同，则说明是真的。

（4）安全性分析。因为发送方 A 的私钥 d 是保密的，只有 A 自己知道，其他人不知道。发送方 A 用私钥 d 签名，只有 A 自己能进行，其他人无法进行。由于 A 的公钥 n 和 e 是公开的，因此任何人都可以验证 A 的签名。同时可以看到，一旦 A 签了名，A 也不能否认，因为他人不知私钥 d，A 必须承担法律责任。

在计算机高度普及、网络飞速发展的今天，数字签名有着广阔的用武之地。一方面，在虚拟世界中，合同、协议等契约文本是以电子数据的形式表现和传递的，而在电子文件上难于进行传统签名，必须依靠数字技术手段，即数字签名来替代。另一方面，从严格意义上讲，所有的计算机文件，包括各种传统意义上的文本文件或类文本文件，也包括各种应用程序等，都可以进行数字签名，以保证文件生成者不能否认并进行法律意义上的追溯。简言之，如果要求所有计算机文件都必须进行数字签名的话，那么既可以保护正规软件开发者，也可以追溯恶意软件炮制者（如病毒、木马、钓鱼网站等）。随着信息化和网络化的进一步发展，以及法制化的进一步深入，数字签名技术必将得到更加高度的重视和更加广泛的应用，成为保障计算机和网络安全的一道坚实屏障（凡是电子文件都应该进行数字签名）。

4.3.3.3 应用之三——零知识证明

零知识证明（Zero-Knowledge Proof）指的是示证者在证明自己身份时不泄露任何信息，验证者得不到示证者的任何私有信息但又能有效证明对方身份的一种方法。

为便于理解，举几个例子。

实例 4-8：

A 要向 B 证明自己拥有某个房间的钥匙。假设该房间只能用钥匙打开锁，而其他任何方法都打不开。这时有两个方法可以证明：

一是 A 把钥匙交给 B，B 用这把钥匙打开该房间的锁，从而证明 A 拥有该房间的钥匙。二是 B 确定该房间内有某一物体，A 用自己拥有的钥匙打开该房间的门，拿出该物体并出示给 B，从而证明 A 确实拥有该房间钥匙。

在方法一中，A 的钥匙被 B 掌握了，从而泄露了 A 的秘密；在方法二中，A 的钥匙始终在 A 的手中，A 证明了自己，B 也确信 A，在整个证明过程中，B 始终不能看到钥匙的样子，从而避免了钥匙的泄露，这就是零知识证明。

实例 4-9：

有一个洞穴，从 A 进去，到 B 后，可以向左走，也可以向右走。在 C|D 有一个机关，知

道机关就能从 C 走到 D，或者从 D 走到 C，最后走出来。不知道机关，就通不过去只好原路返回，如图 4.17 所示。

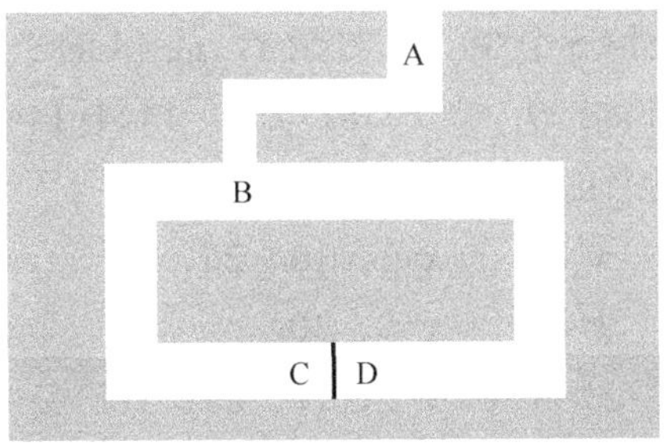

图 4.17　零知识证明示例示意图

某日，李、王两人相聚，王称知道此机关。李不知道此机关，也不知道王是否真的知道此机关。于是，李对王进行一番测试以证明王知道此机关。

首先，李自己从 A 走到 B，之后向左走到 C，发现 C|D 处确有机关，过不去；于是李又返回至 B，继续向右走到 D，又遇到机关，仍然无法过去，只好返回到 B。至此，李确信 C|D 处有机关，过不去。

测试时，李站在 B 处。他先让王从左边过去，王顺利通过 C|D，从右边出来；他再让王从右边进去，王又顺利通过 C|D，从左边出来。当然可以测试多次。总之，李确信王知道机关。李在不知道机关的零知识下，证明王确实具有机关的知识，证明完后，李仍然不知道机关的知识，即王没有将机关的知识泄露给李。

实例 4-10：

A 拥有 B 的公钥，A 没有见过 B，而 B 见过 A 的照片。某天两人偶然见面，B 认出了 A，但 A 不能确定面前的人是否 B，这时 B 要向 A 证明自己是 B，有两种方法：

一是 B 把自己的私钥给 A，A 用这个私钥对某个数据加密，然后用 B 的公钥解密，如果正确，则证明对方确实是 B。二是 A 给出一个随机值，B 用自己的私钥对其加密，然后把加密后的数据交给 A，A 用 B 的公钥解密，如果能够得到原来的随机值，则证明对方是 B。方法二属于零知识证明，因为始终 A 不知道 B 的私钥。

零知识证明的密码学案例如下。

选择素数 p 和 q，确定模数 $n=p\cdot q$，选 k 个随机数 $v_1,v_2,\cdots,v_k$，v_i 是模 n 的平方剩余，且有逆元存在。

以 $v_1,v_2,\cdots,v_k$ 作为 A 的公钥公布，计算 A 的私钥。

$$s_i=\sqrt{\frac{1}{v_i}}\bmod n$$

（1）选 $p=3$、$q=13$，$n=3\times13=39$。

（2）计算平方剩余。当 $x=1$，则 $x^2=1$；当 $x=14$，则 $x^2=196=195+1=39\times5+1=1 \bmod 39$。14的平方是196，它大于39，去掉5个39，正好余1，故14的平方剩余是1。同理，当 $x=25$，则 $x^2=625=624+1=39\times16+1=1 \bmod 39$；当 $x=38$，则 $x^2=1444=1443+1=39\times37+1=1 \bmod 39$。

下面计算出所有的平方剩余：

$x^2=1$　　$x=1$、14、25、38

$x^2=3$　　$x=9$、30

$x^2=4$　　$x=2$、11、28、37

$x^2=9$　　$x=3$、36

$x^2=10$　　$x=7$、19、20、32

$x^2=12$　　$x=18$、21

$x^2=13$　　$x=13$、26

$x^2=16$　　$x=4$、17、22、35

$x^2=22$　　$x=10$、16、23、29

$x^2=25$　　$x=5$、8、31、34

$x^2=27$　　$x=12$、27

$x^2=30$　　$x=15$、24

$x^2=36$　　$x=6$、33

（3）求平方剩余的逆。上述13个平方剩余值，并不是每个值都有逆元存在，只有与39互素的数才有逆元，它们是1、4、10、16、22、25。

当 $v=1$ 时，$v^{-1}=1$，$v\cdot v^{-1}=1\cdot1=1$，$s=1$。

当 $v=4$ 时，$v^{-1}=10$，$v\cdot v^{-1}=4\cdot10=40=39+1=1$，$s=7$。

当 $v=10$ 时，$v^{-1}=4$，$v\cdot v^{-1}=10\cdot4=40=39+1=1$，$s=2$。

当 $v=16$ 时，$v^{-1}=22$，$v\cdot v^{-1}=16\cdot22=352=39\cdot9+1=1$，$s=10$。

当 $v=22$ 时，$v^{-1}=16$，$v\cdot v^{-1}=22\cdot16=352=39\cdot9+1=1$，$s=4$。

当 $v=25$ 时，$v^{-1}=25$，$v\cdot v^{-1}=25\cdot25=625=39\cdot16+1=1$，$s=5$。

（4）求私钥 s，计算A的私钥 $s_i=\sqrt{\frac{1}{v_i}} \bmod n$。

当 $v^{-1}=1$ 时，$s=\sqrt{1}=1$。

当 $v^{-1}=10$ 时，$s=\sqrt{10+39}=7$。

当 $v^{-1}=4$ 时，$s=\sqrt{4}=2$。

当 $v^{-1}=22$ 时，$s=\sqrt{22+39\times2}=10$。

当 $v^{-1}=16$ 时，$s=\sqrt{16}=4$。

当 v^{-1}=25 时，$s=\sqrt{25}=5$。

（5）结果：

公钥 v：	1	4	10	16	22	25
v^{-1}：	1	10	4	22	16	25
私钥 s：	1	7	2	10	4	5

A 选 4、16、22、25 作为公钥公布，对应的私钥为 7、10、4、5。

（6）证明过程。

① A 选择随机数 r=17，计算 17^2 mod 39=16，发至 B。

② B 选择随机字符串“1011”并发送至 A。

③ A 计算 $17\times7^1\times10^0\times4^1\times5^1$=2380 mod 39=1，发送至 B。

④ B 计算 $1\times4^1\times16^0\times22^1\times25^1$=2200 mod 39=16。

B 用 A 的公钥、A 给的数字 1，以及自己选的字符串“1011”验证了 A 给的 16，说明 A 确实拥有私钥。B 可以不断变化字符串，重复③和④，以确认 A 拥有正确的私钥，从而验证 A 的身份。在整个验证过程中，B 始终不掌握 A 的私钥，关于 A 的私钥，B 是零知识的，但达到了证明的目的。

4.3.3.4 应用之四——公钥基础设施

既然公钥是可以公开的，那么是否可以通过以下方式公开发布呢？

- 将公钥附加在邮件中直接发送给接收者；
- 在社区内广播；
- 将公钥发布到公用目录中。

然而，以上方式都是不安全的，因为公钥也是有可能被“偷梁换柱”的，如图 4.18 所示。

可见，公开发布公钥是缺乏可信任性保证的，因此需要有一个“权威”来为公钥的真实性担保。其实现方式是由证书权威机构（Certificate Authority，CA）来证实用户的身份，然后由 CA 对该用户身份和对应于公钥的证书进行数字签名，以证明证书的有效性。只要可靠地知道 CA 的公钥，就可以验证证书的真伪。

公钥基础设施（Public Key Infrastructure，PKI）规定必须由具有证书权威机构（CA）在公钥加密技术基础上对证书的产生、管理、存档、发放以及作废进行管理，包括实现这些功能的全部硬件、软件、相应政策和操作程序，以及为 PKI 体系的各成员提供全部的安全服务，以实现通信中的各实体的身份认证，保证数据的完整性、抗否认性和信息保密等。

PKI 是目前网络安全建设的基础与核心，是电子政务和电子商务安全实施的基本保障。在电子政务和电子商务中，必须从技术上保证在交互和交易过程中能够实现身份认证、安全传输、不可否认性、数据完整性。

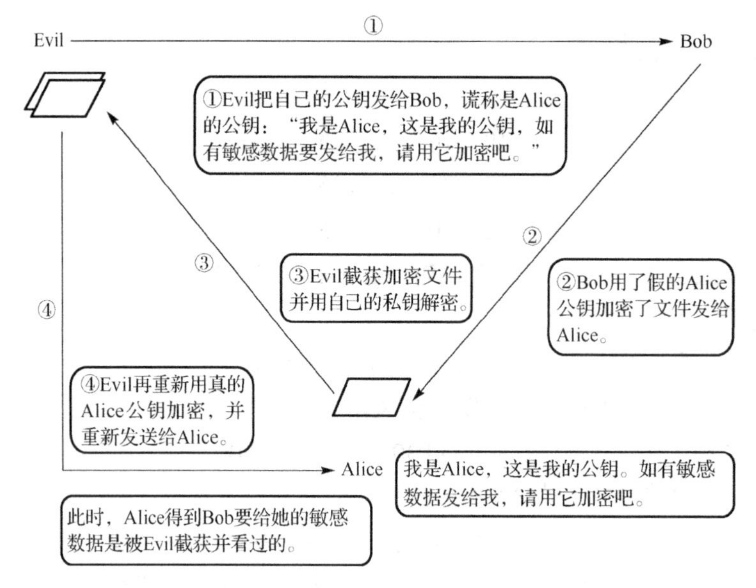

图 4.18　公钥不安全性示意图

1）PKI 概述

PKI 的主要目的是通过自动管理密钥和证书，为用户建立起一个安全的网络运行环境，使用户可以在多种应用环境下方便地使用加密和数字签名技术，从而保证网上数据的机密性、完整性和有效性。

PKI 采用证书进行公钥管理，通过第三方可信任权威机构（如 CA）把用户的公钥和用户的其他标识信息捆绑在一起，包括用户名和电子邮件地址等信息，以在互联网上验证用户的身份。PKI 把公钥密码和对称密码结合起来，在互联网上实现了密钥的自动管理，可保证网上数据的安全传输。

一个有效的 PKI 系统必须是安全和透明的，用户在获得加密和数字签名服务时，不需要详细地了解 PKI 的内部运作机制。在一个典型、完整和有效的系统中，除了证书的创建、发布及撤销，还必须提供相应的密钥管理服务，包括密钥的备份、恢复和更新等。没有一个好的密钥管理系统，将极大地影响一个 PKI 系统的规模、可伸缩性，以及在协同网络中的运行成本。在一个企业中，PKI 系统必须有能力为每个用户管理多对密钥和证书，能够提供安全策略编辑和管理工具，如密钥周期和密钥用途等。

PKI 发展的一个重要方面是标准化。目前，PKI 标准化主要有两个方面：一是 RSA 公司的公钥加密标准（Public Key Cryptography Standards，PKCS），它定义了诸多基本 PKI 部件，包括数字签名和证书请求格式等；二是由互联网工程任务组（Internet Engineering Task Force，IETF）和 PKI 工作组（Public Key Infrastructure Working Group）所定义的一组具有互操作性的公钥基础设施协议。

2）PKI 组成

在安全域内，PKI 管理加密密钥和证书发布，并提供诸如密钥管理、证书管理和策略管理等。PKI 允许一个组织通过证书级别或者直接交叉认证等方式同其他安全域建立信任关系。这些服务和信任关系不能局限于独立的网络之内，而应建立在网络之间和互联网之上，为电子政务、电子商务和网络通信提供安全保障，所以结构化和标准化技术是 PKI 的核心。

在实际应用中，PKI 是一套软/硬件系统和安全策略的集合，它提供了一整套安全机制，用户可以在不知道对方身份或分布很广的情况下，以证书为基础，通过一系列的信任关系进行通信和电子商务交易。

一个典型的 PKI 系统组成如图 4.19 所示，包括 PKI 安全策略、软/硬件系统、CA、注册机构（RA）、证书发布系统以及 PKI 应用等。

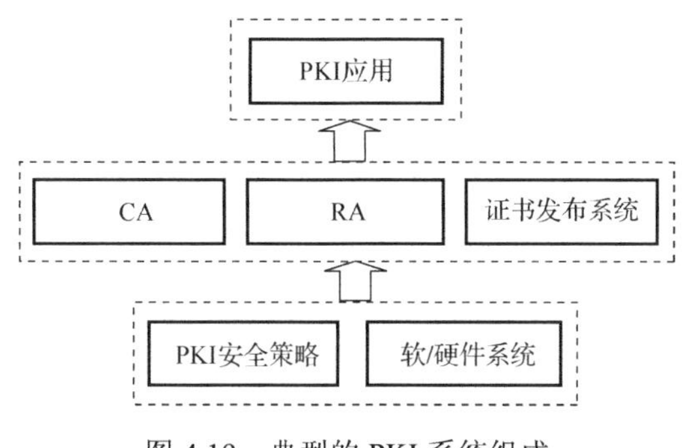

图 4.19　典型的 PKI 系统组成

PKI 安全策略建立和定义了信息安全方面的指导方针，同时也定义了密码系统使用的处理方法和原则，它包括怎样处理密钥和有价值的信息，以及如何根据风险的级别定义安全控制的级别。一般情况下，在 PKI 中有两种类型的安全策略：一是证书策略，用于管理证书的使用，比如，可以确认某一 CA 是在互联网上的公有 CA，还是某一企业内部的私有 CA；另外一个就是 CPS（Certificate Practice Statement），一些由商业证书发放机构（CCA）或者可信的第三方操作的 PKI 系统需要 CPS，这是一个包含如何在实践中增强和支持安全策略的一些操作过程的详细文档，它包括 CA 是如何建立和运作的，证书是如何发行、接收和废除的，密钥是如何产生、注册的，以及密钥是如何存储的，用户是如何得到密钥的，等等。

CA 是 PKI 的信任基础，它管理公钥的整个生命周期，其作用包括发放证书、规定证书的有效期，以及通过发布证书废除列表（CRL）确保在必要时可以废除证书。

RA 提供了用户和 CA 之间的一个接口，它可获取并认证用户的身份，并向 CA 提出证书请求，主要完成收集用户信息和确认用户身份的功能。这里的用户是指将要向 CA 申请数字证书的客户，可以是个人，也可以是团体、政府机构等。注册管理一般由一个独立的注册机构（RA）来承担，它接收用户的注册申请、审查用户的申请资格，并决定是否同意 CA 给其签发数字证书。注册机构并不给用户签发证书，而只是对用户进行资格审查。因此，RA 可以设置在直接面对客户的业务部分，如银行的营业部、机构认证部门等。当然，对于一个规模较小的 PKI 应用系统来说，可把注册管理的职能交由 CA 来完成，而不设立独立运行的 RA。但这并不是取消了 PKI 的注册功能，而只是将其作为 CA 的一项功能而已。PKI 国际标准推荐由一个独立的 RA 来完成注册管理的任务，可以增强应用系统的安全。

证书发布系统负责证书的发放，如可以通过用户自己或目录服务器来提供服务。目录服务器可以是一个组织中现存的，也可以是 PKI 方案中提供的。

使用最广泛的证书格式是 ITU 定义的 X.509 证书格式，如图 4.20 所示。

版本号
序列号
算法表示：算法和参数
发行机构名称
有效期：起始日期和终止日期
用户名
用户公钥信息：算法参数和公钥
签名

图 4.20　X.509 证书格式

PKI 的应用非常广泛，包括在 Web 服务器和浏览器之间的通信、电子邮件、电子数据交换（EDI）、在互联网上的信用卡交易和虚拟专用网（Virtual Private Network，VPN）等。

4.4　身份认证协议

4.4.1　身份认证的基本概念

身份认证（Authentication）的字根源自古希腊语“真实和权威性”，其目的是确认当前所声称某种身份的用户确实是其所声称的用户，提供对用户合法性的识别功能。

在计算机网络系统中，身份实质上是用于标识实体的一种数字化表示，不同系统可以采取不同的方式标识用户身份，甚至同一系统也可以用不同的方式标识用户身份。

在计算机网络系统中，使用身份认证的主要目的是访问控制和行为追溯。访问控制必须基于实体的身份类型，实体与身份的绑定力度与准确性确定了访问控制的实施效果；行为追溯是指对用户在系统中的操作行为进行记录，因此要求用户在系统中有明确的身份表达，并通过日志和审计技术实现对用户行为的追溯。

4.4.2　身份认证的基础

身份认证需要确认用户的真实身份与其所声称的身份是否符合，主要依据应包含只有该用户所持有并可以进行验证的特定信息。验证用户的身份主要有下述三种途径：

- 用户掌握的秘密信息（如口令、密码等）；
- 用户拥有的特定实物（如护照、证件等）；
- 用户具有的生物特征（如指纹、虹膜等）。

根据用户持有的特定信息，可采用不同的验证技术来实现身份认证。目前常见的身份认证技术可以分为三大类：基于口令的认证技术、基于生物特征的认证技术、基于密码学的认证技术。

基于密码学的认证技术主要依托密码学基础，通过设计特定的协议流程来实现身份认证，可主要分为基于对称密钥的认证和基于公开密钥的认证；其特点是安全性高，但设计出符合安全性要求的认证协议往往很困难，因此技术实现的难度较高。

4.4.3　基于密码学的认证技术

在计算机网络系统中，认证技术的核心基础是密码学，对称密码体制和公开密钥密码体制是实现用户身份认证的主要技术。以密码学为基础实现用户身份认证，要求参与认证的双方遵循特定的流程来完成认证过程，称为认证协议。认证过程的安全取决于认证协议的完整性和健壮性。

为便于对协议进行描述，首先对使用的描述符号进行如下约定：

（1）A→B：表示 A 向 B 发送消息。

（2）$\{x\}K$：表示使用密钥 K 对信息 x 进行加密。

4.4.3.1　基于对称密钥的认证协议

Needham-Schroeder（以下简称 NS）协议是典型的认证协议，最初是由 Needham 和 Schroeder 于 1978 年提出的，NS 协议在安全协议的发展中起到了非常重要的作用。NS 协议可分为基于对称密码和非对称密码两种版本，其目的是在通信双方之间分配会话密钥。基于对称密钥的 NS 认证协议的主体有三个：通信双方 A 和 B，以及可信的第三方 T。

（1）A→T：A，B，N_a。

（2）T→A：$\{N_a，B，K_{ab}，\{K_{ab}，A\}K_{bt}\}K_{at}$。

（3）A→B：$\{K_{ab}，A\}K_{bt}$。

（4）B→A：$\{N_b\}K_{ab}$。

（5）A→B：$\{N_b+1\}K_{ab}$。

步骤（1）：A 向 T 发送消息，指明通信双方的身份 A、B 和一个随机数 N_a。

步骤（2）：T 生成 A 和 B 之间的会话密钥 K_{ab}，并向 A 发送 N_a、B 和 K_{ab}。用 B 和 T 之间的共享密钥 K_{bt} 加密 K_{ab} 和 A 形成$\{K_{ab}$，A$\}K_{bt}$，该证书只能由 B 解密，最后用 T 和 A 之间的共享密钥 K_{at} 加密整个消息。

步骤（3）：A 收到 T 发送的消息之后，解密整个消息得到 A、B 之间的共享密钥 K_{ab} 和凭据$\{K_{ab}$，A$\}K_{bt}$，A 原封不动地向 B 转发这个凭据。

步骤（4）：B 解密这个凭据得到共享密钥 K_{ab} 并用它加密随机数 N_b，然后发送给 A。

步骤（5）：A 收到消息后解密得到 N_b，向 B 做出应答$\{N_b+1\}K_{ab}$。由于只有 A、B、T 三者知道 N_b 和 K_{ab}，所以其他任何人都难冒充其中的一方。

可以看出，上述的 NS 协议中使用了随机数。在认证协议设计与分析中使用随机数具有重要作用，可以用随机数保证消息的新鲜性，防止对消息的重放攻击。虽然时间戳也可以用于抵御重放攻击，但两者之间还是有区别的。时间戳在使用时一般需要在各主体之间实现时钟同步，由于时间戳和某个主体不存在直接关联，因此任意主体产生的时间戳都可以被其他主体用于检验消息的新鲜性。而随机数是由特定主体产生的，所以一个主体只能根据自身所产生的临时随机值来检验消息的新鲜性。此外，时间戳不具有唯一性，它通常有一个有效范围，只要它位于这个有效范围内，主体都接受它的新鲜性；而随机数具有唯一性，任何一个主体在两次会话中产生相同随机数的概率是非常小的。

4.4.3.2 基于公开密钥的认证协议

基于公开密钥的 NS 认证协议是基于对称密钥 NS 协议的孪生兄弟，它们都是在 1978 年发表的著名认证协议。

大多数基于非对称密码的认证协议的设计目的，都是使通信双方安全地交换共享会话密钥，而基于公开密钥的 NS 协议，其目的是使通信双方安全地交换两个彼此独立的秘密（Secret），通信双方可利用共享秘密生成会话密钥。和基于对称密钥的 NS 协议一样，基于公开密钥的 NS 协议的参与者也是三个：通信主体 A、B，以及充当可信的第三方 T。

（1）A→T：A，B。

（2）T→A：$\{K_b$，B$\}K_{pri}$。

（3）A→B：$\{N_a$，A$\}K_b$。

（4）B→T：B，A。

（5）T→B：$\{K_a$，A$\}K_{pri}$。

（6）B→A：$\{N_a$，$N_b\}K_a$。

（7）A→B：$\{N_b\}K_b$。

具体说明如下。

步骤（1）：A 向 T 发送通信主体名称 A 和 B。

步骤（2）：T 向 A 发送用它的私有密钥 K_{pri} 加密的 B 及其公开密钥 K_b。

步骤（3）：A 用 T 的公开密钥解密它收到的步骤（2）交换的消息，得到 B 的公开密钥 K_b，并向 B 发送用 K_b 加密的随机数 N_a 与 A。

步骤（4）：B 向 T 发送通信主体名称 B 和 A。

步骤（5）：T 向 B 发送用它的私有密钥 K_{pri} 加密的 A 及其公开密钥 K_a。

步骤（6）：B 用 T 的公开密钥解密它收到的步骤（5）交换的消息，得到 A 的公开密钥 K_a，并向 A 发送用 K_a 加密的随机数 N_a 与 N_b。

步骤（7）：A 向 B 发送用 K_b 加密的临时值（随机数）N_b。这里，临时值 N_a 与 N_b 就是 A 与 B 希望交换的秘密。

基于公开密钥的 NS 协议有两个重要作用：一是通过步骤（1）、（2）、（4）、（5）的交换，达到 A 与 B 相互获得对方公开密钥的目的；二是通过步骤（3）、（6）、（7）的交换，A 与 B 分别得到对方的秘密，达到交换秘密 N_a 与 N_b 的目的。

4.4.4　身份认证技术应用与实现——Kerberos 认证协议

Kerberos 一词原指希腊神话中守护地狱之门的三头犬。Kerberos 认证协议是美国麻省理工学院“雅典娜（Athena）计划”中的一部分，由 Miller 和 Neuman 两人以基于对称密钥的 NS 认证协议为基础改进而成。Kerberos 认证协议使用集中式的认证服务器结构，引入认证服务器的主要目的是实现用户与其访问的服务器间的相互鉴别。目前公开发表的 Kerberos 认证协议版本包括 V4 和 V5。当前主流操作系统，包括 UNIX、Linux、Windows 等均提供了对 Kerberos 协议的支持。

Kerberos 认证协议在 NS 认证协议的基础上，引入了票证准许服务器（Ticket Granting Server，TGS）作为一个认证框架。

协议中共存在四个角色：

- 客户端（C，Client，即用户）；
- 认证服务器（AS，Authentication Server）；
- 票据准许服务器（TGS，Ticket Granting Server）；
- 服务器（S，Server，即提供某种服务的服务器）。

客户端即请求服务的用户，而服务器就是向用户提供服务的一方。认证服务器负责验证用户的身份，如果通过了认证，则向用户提供访问票据服务器的票据准许票据（Ticket Granting Ticket），票据准许服务器则负责验证用户的票据准许票据，如果验证通过，则为用户提供访问服务器的服务准许票据（Service Granting Ticket）。这里的票据准许票据可以想象成现实生活中的兑换券，而服务准许票据相当于通过兑换券可以换取的实际服务凭证，如兑换景区门票、影院门票等。因此，从认证服务器所获得的票据准许票据不能作为用户访问服务器的凭证，只能作为访问票据准许服务器的凭证，而后者所授予的服务准许票据才是用户访问服务器的凭证。

Kerberos 认证协议采用对称加密机制，因此每个用户必须拥有一个认证密钥 K_c（如用户口令），该认证密钥由用户和认证服务器之间共享；认证服务器和票据准许服务器之间共享一个对称加密密钥 K_{tgs}；而票据准许服务器和服务器之间共享一个对称加密密钥 K_s。Kerberos 认证协议中的四种角色及其密钥共享关系如图 4.21 所示。

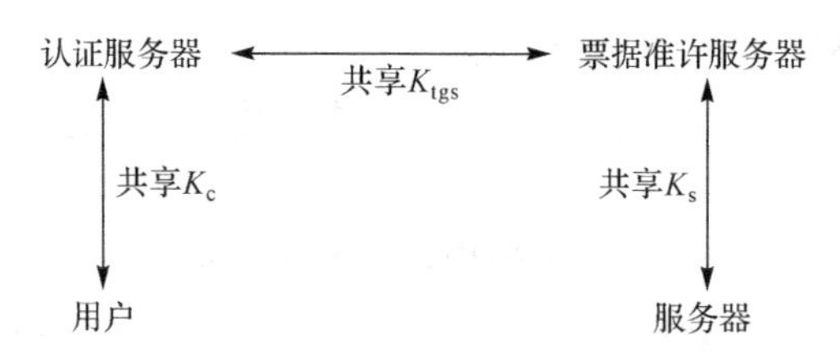

图 4.21　Kerberos 认证协议中的四种角色及其密钥共享关系

用户和票据准许服务器以及服务器之间并无密钥共享关系，因此它们之间的通信采用会话密钥来加密。具体来说，用户和票据准许服务器之间的会话密钥 $K_{c,tgs}$ 由认证服务器生成，而用户和服务器之间的会话密钥 $K_{c,s}$ 由票据准许服务器生成，其中，会话密钥通过密钥交换协议来实现。在这种构架下，用户的认证（即是否真的是该用户）与授权（该用户是否可以使用某个服务）是相互独立的。Kerberos 认证协议系统架构如图 4.22 所示。

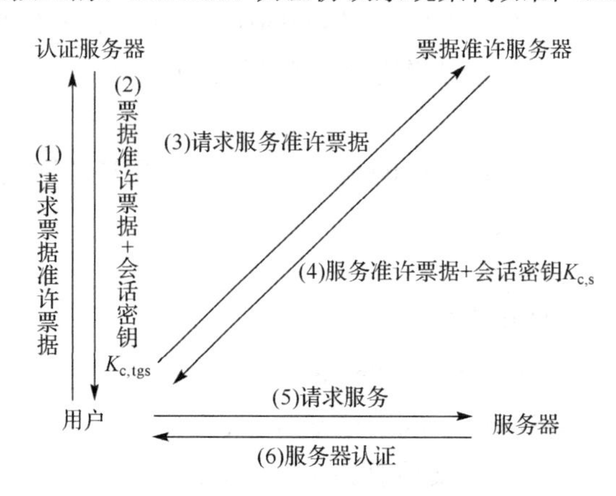

图 4.22　Kerberos 认证协议系统架构

和日常使用的票据（如电影票）相似，在 Kerberos 协议的认证过程中也存在票据有效期问题。因此，当用户向认证服务器请求一张与票据准许服务器通信的通行证时，该通行证除了会话密钥 $K_{c,tgs}$，还包括用户、票据准许服务器、时间戳和有效期等信息。同样，票据准许服务器颁发给用户的服务准许票据除了包含会话密钥 $K_{c,s}$，同样也包含用户、服务器、时间戳和有效期等信息。一旦用户获得票据准许票据，则访问其他服务时只需访问票据准许服务器，而无须通过认证服务器。通过使用票据准许票据，避免了用户重复出示用户名和口令的问题，因此可有效提高认证的效率和安全性；而通过使用服务准许票据，将认证和授权分离，减少了认证开销。

总结起来，Kerberos 认证协议可分下述三个步骤：

第一步，认证服务交换（Authentication Service Exchange），用户向认证服务器证明自己的身份，以便获得票据准许票据。

第二步，票据准许服务交换（Ticket Granting Service Exchange），用户向票据准许服务器索取访问服务器的服务准许票据。

第三步，用户与服务器交换（Authentication Exchange），使用所需服务。

Kerberos 协议 V4 版的具体实现过程描述如下。

1）协议流程

（1）$C \rightarrow AS$：$ID_c \| ID_{tgs} \| TS_1$。

（2）$AS \rightarrow C$：$\{K_{c,tgs} \| ID_{tgs} \| TS_2 \| Ticket_{tgs}\}K_c$。

（3）$C \rightarrow TGS$：$ID_s \| Ticket_{tgs} \| AU_{c1}$。

（4）$TGS \rightarrow C$：$\{K_{c,s} \| ID_s \| TS_4 \| Ticket_s\}K_{c,tgs}$。

（5）$C \rightarrow S$：$Ticket_s \| AU_{c2}$。

（6）$S \rightarrow C$：$\{TS_5+1\}K_{c,s}$。

协议流程中的 C 和 S 分别指协议主体客户和服务器，AS 为协议主体认证服务器，TGS 为协议主体票据准许服务器，其中：

$$ID_{tgs} = \{K_{c,tgs} \| ID_c \| AD_c \| ID_{tgs} \| TS_2 \| LT_2\}K_{tgs}$$

$$Ticket_s = \{K_{c,s} \| ID_c \| AD_c \| ID_s \| TS_4 \| LT_4\}K_s$$

$$AU_{c1} = \{ID_c \| AD_c \| TS_3\}K_c$$

$$AU_{c2} = \{ID_c \| AD_c \| TS_5\}K_c$$

2）协议处理过程分析

协议执行过程中包括 6 条消息[分别对应上述步骤（1）到（6）]的交互。

消息 1 和消息 2 是认证服务交换，其中，消息 1 中的 ID_c、ID_{tgs} 及 TS_1 用来让 AS 验证客户端的身份，并要求与 TGS 通信，此消息是在时间戳 TS_1 时产生。消息 2 中，所有信息均用客户端和认证服务器端共享的密钥 K_c 加密，以保证消息的机密性。$K_{c,tgs}$ 是由 AS 所产生的、用于客户端和票据准许服务器之间加密会话密钥；ID_{tgs} 是用来表示此票据准许票据仅用于与对应的 TGS 通信；TS_2 为 AS 生成消息 2 的时间戳，用来通知客户端关于 $Ticket_{tgs}$ 的产生时间。消息 2 中最重要的部分是 $Ticket_{tgs}$，它是客户端与 TGS 通信的凭证，且用 TGS 与认证服务器共享的密钥进行了加密，以避免客户更改相关信息。$Ticket_{tgs}$ 中的 ID_c 可用来表示此票据准许票据是给用户 ID_c 使用的，其中的 ID_c 是客户端计算机的 IP 地址，用来限制只有来自该 IP 地址的主机才能使用票据准许票据，这样可以避免被人假冒 ID 并代用该票据准许票据而获得相关权限。在 $Ticket_{tgs}$ 中加入 ID_{tgs}，可用来验证 $Ticket_{tgs}$ 解密是否成功；而 TS_2 为 $Ticket_{tgs}$ 产生的时间，用来表示 $Ticket_{tgs}$ 的有效期限。

消息 3 和消息 4 是票据准许服务交换。在消息 3 中，ID_s 用来表示客户端要求访问服务器 ID_s 或与之通信；$Ticket_{tgs}$ 是从消息 2 中取得的、用来证明 C 已通过 AS 的认证的票据；与 $Ticket_{tgs}$ 中的相关认证信息对应，认证符 AU_{c1} 用来证明自己是 $Ticket_{tgs}$ 的合法拥有者；AU_{c1} 是由客户端产生的，其使用期限应该很短，以减少遭受重放攻击的概率；认证符中的时间戳 TS_3 用来表示 AU_{c1} 产生的时间；ID_c 和 AD_c 都是用来与 $Ticket_{tgs}$ 中的 ID_c 和 AD_c 进行对比的，以证明客户端的身份。在消息 4 中，所有内容均使用客户端和票据准许服务器共享的密钥 $K_{c,tgs}$ 加密传送，以避免消息被窃听；此消息包含了客户端与服务器通信所需要的会话密钥 $K_{c,s}$；ID_s 用来表示 $Ticket_s$ 是用来与服务器 S 通信的；时间戳 TS_4 用来表示此 $Ticket_s$ 的产生时间，而 $Ticket_s$ 是由票据准许服务器签发给客户端用来与服务器通信的票据（即通行证）。

消息 5 和消息 6 是用户端与服务器交换。其中消息 5 的作用与消息 4 相似，主要用于服务器认证客户端，读者可自行分析。消息 6 作为客户端认证服务器，以证明服务器具有解密消息 5 中的认证标识 AU_{c2} 的能力，并回送另外一时间戳信息 TS_5+1。通过消息 5 和消息 6 实现可客户端和服务器的双向认证。

Kerberos 认证协议 V4 版本提供的认证服务只针对属于单一的网络域中的系统，而 V5 版本则提供了更为完善的认证功能，且提供了跨域认证功能。

通过本章的学习，读者可以大概了解对称密钥密码和非对称密钥密码的概念；大概了解 HASH 函数及其主要应用是消息完整性验证；知道 A5 和 RC4 是序列密码；知道 DES 和 AES 是分组密码算法；知道 RSA 是公开密钥密码算法；大概了解公开密钥密码算法可用于数据加密、数字签名和身份认证；大概了解在计算机网络系统中使用身份认证的主要目的是访问控制和行为追溯，大概了解参与认证的双方遵循特定的流程来完成认证的过程，该过程称为认证协议。

下　篇

密码应用和密码分析若干示例

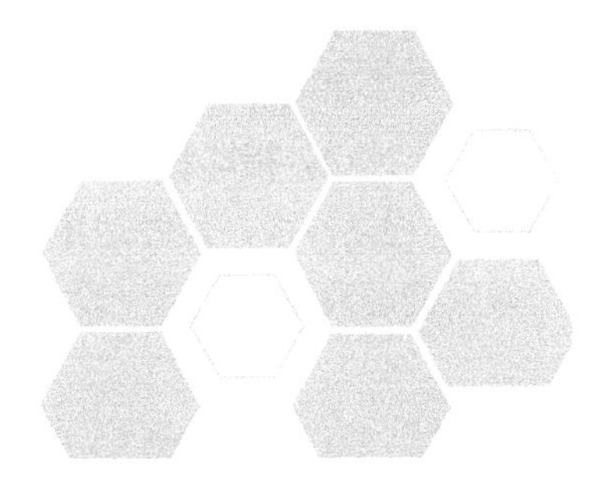

第5章

社会工程学密码

5.1　化学专业学生的求婚书

2012年1月16日，某化学专业学生用化学符号写了一份求婚书：

H At Tc，Os As At Ge Nb，Nb Pu Kr Y Pu Li Os，Zn Li Pu Kr Y U Ti Ag。Ga Os Pd！

第一步猜译结果，将化学符号转换为化学符号的中文汉字表示，如下：

氢砹锝，锇砷砹锗铌，铌钚氪钇钚锂锇，锌锂钚氪钇铀钛银。镓锇钯！

第二步猜译结果，将化学符号的中文汉字表示谐音写出，如下：

亲爱的，我深爱着你，你不可以不理我，心里不可以有他人。嫁我吧！

5.2　王蒙解读《红楼梦》中的密码

著名作家、学者王蒙先生在他的《红楼启示录》中专门写了一节"《红楼梦》与密码"。王蒙先生说："密码也是生活的一种功能，即符号功能。语言本身就是一种符号，语言功能本身就是一种密码功能……如果除了表面的语言外还有潜台词、双关语、谐音语、指桑骂槐声东击西、反语、部分人默契的特定语词——如代号、绰号、替代说法……语言就有了更深一层更'密'一层的密码意义了。作为生活的百科全书语言的《红楼梦》，被人们当作密码来进行认真的与趣味的研究，人们从《红楼梦》极细腻精到的细节描写、日常生活描写之中探寻潜在的含义，把这些描写当作密码来破译，也就是很自然的了。何况《红楼梦》确实运用了诸如暗示、谐音、谜语、藏头露尾、点到即收……的密码与准密码的办法呢！"

如《红楼梦》第一回的题目"甄士隐梦幻识通灵　贾雨村风尘怀闺秀"中"甄士隐"即"真事隐去"，"贾雨村"即"假语村言"。这时采用的是谐音密码。

又如第五回金陵十二钗中："一片冰山，上有一只雌凤，其判云：凡鸟偏从末世来，都知爱慕此生才；一从二令三人木，哭向金陵事更哀。"这里的"凡鸟"指凤（繁体字"鳳"拆开，是"凡"里有个"鳥"），指王熙凤，从"鳳"字中拆出"凡鳥"，又比喻庸才，是种讥讽；靠着一座冰山，指即将融化的贾府；其丈夫贾琏对她开始是从（一从）、百依百顺，随后是冷（二令）、逐渐冷淡，最终是休（人木），将其休弃；"哭向金陵事更哀"，是王熙凤被休弃后哭着回娘家的悲哀写照。这一段用了拆字密码：凡鸟——鳳；二令——冷；人木——休。

第6章

古典密码学

6.1 《达·芬奇密码》的密码

《达·芬奇密码》是美国作家丹·布朗写的一本畅销小说，2003 年 3 月 18 日由兰登书屋出版，以 750 万册的成绩打破美国小说销售纪录，目前全球累计销售量已突破 8000 万册，成为有史以来最卖座的小说之一。

该书开篇的楔子就写了巴黎卢浮宫美术博物馆馆长雅克·索尼埃被人谋杀，将读者吸引。更吸引读者的是馆长在身边留下的四行遗言：

```
13-3-2-21-1-1-8-5
O,Draconian devil!
Oh,lame saint!
P.S. Find Robert Langdon
```

第一行是奇怪的数字，第二行直译是“啊，严酷的国王!”，第三行直译是“噢，瘸腿的圣徒!”，第四行直译是“附言：找到罗伯特·兰登”。

同时，馆长还把自己摆成达·芬奇有名的素描画“维特鲁威人”的形状（见图 6.1）。

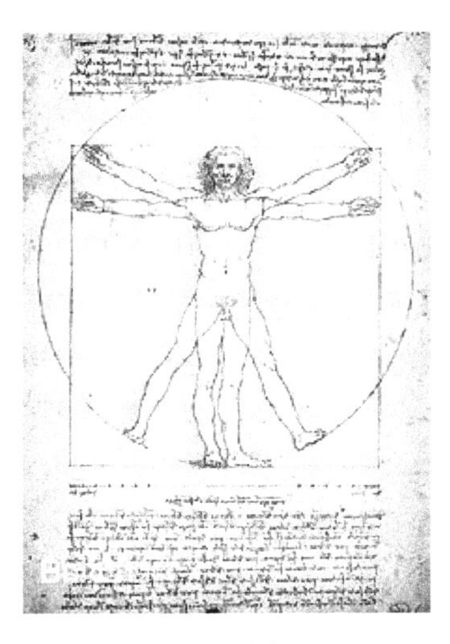

图 6.1　维特鲁威人

这样，数字密码、严酷的国王、瘸腿的圣徒、达·芬奇素描画“维特鲁威人”就成了《达·芬奇密码》要破解的主要内容。

本节不是对《达·芬奇密码》一书的介绍，而是要研究介绍《达·芬奇密码》一书中的密码。因此，本节围绕密码展开，故本节名为“《达·芬奇密码》的密码”。

小说中的主角是馆长雅克·索尼埃的孙女索菲·奈芙（Sophie Neveu），她是法国政府的一位密码员；另一位主角是罗伯特·兰登（Robert Langdon），他是哈佛大学宗教符号学教授、学者，他与索菲·奈芙一起，经历错综复杂的艰险，终于破解了案情。

6.1.1 双关语密码

首先看遗言的第四行：“P.S. Find Robert Langdon”。一般理解是“附言：找到罗伯特·兰登”。当时，根据此句，巴黎警方也认为罗伯特·兰登是犯罪嫌疑人，一直对罗伯特·兰登进行追捕。而馆长雅克·索尼埃的孙女索菲·奈芙看到此句，知道是祖父专门写给她的话，让她去找罗伯特·兰登帮助破案。因为在她小的时候，祖父就叫她“索菲公主”(Princess Sophie)。“P.S.”正是索菲公主的字头缩写。所以，索菲·奈芙一直信任罗伯特·兰登。这也正是作者丹·布朗爱用的双关语，算是狭义密码的一种，类似的有隐语、约定、默契等。

6.1.2 数字密码

第一行数字是“13-3-2-21-1-1-8-5”，共有 8 个数。仔细比较研究，将其从小到大排列得到“1-1-2-3-5-8-13-21”。熟悉数学的人知道，这是有名的菲波那契数列，即任意相邻的三个数，第三个数是前两个数之和。这 8 个数实际上是馆长雅克·索尼埃在苏黎世存托银行巴黎分行的一个保险箱的密码。雅克·索尼埃费尽心机将这 8 个数的顺序打乱，目的是扰乱人们对这 8 个数的认识，达到保护保险箱密码的目的。当索菲·奈芙和罗伯特·兰登找到保险箱试验密码时，首先尝试“1332211185”，失败，随后尝试“1123581321”，成功。

6.1.3 移位密码

第二行是“O,Draconian devil!”（啊，严酷的魔王！），第三行是“Oh,lame Saint!”（噢，瘸腿的圣徒！）。这两句话是引导人们寻找魔王和圣徒，而且还是瘸腿的圣徒。其实，这里是用到了移位密码。

6.1.3.1 第二行的移位密码

第二行“O,Draconian devil!”中出现的字母（忽略大小写，下同）及频次如下：

a	b	c	d	e	f	g	h	i	j	k	l	m	n	o	p	q	r	s	t	u	v	w	x	y	z
2		1	2	1				2			1		2	2			1				1				

而“Leonardo da Vinci”（列奥纳多·达·芬奇）中出现的字母及频次如下：

```
a b c d e f g h i j k l m n o p q r s t u v w x y z
2   1 2 1       2     1   2 2     1       1
```

“O,Draconian devil”和“Leonardo da Vinci”两个字符串，同是 15 个字母，且字母出现的频次完全相同，只是字母对应的位置不同。因此，第二行的真实内容是“Leonardo da Vinci”（列奥纳多·达·芬奇），作者是想把达·芬奇的名字隐藏起来，寻找一个恰好也为 15 个字母，又有相应内容的字词，这就是“O,Draconian devil”。当然字母排列移位的次序就没有固定关系了。

```
          1 11111
12345678 90 12345
leonardo da vinci

     1  111   15
3 765484203 92151
o draconian devil
8 9 1 31154 7  1
    0  35      2
```

通过移位密码的破译，得知“O,Draconian devil”是指“Leonardo da vinci”，即“严酷的魔王”是指“列奥纳多·达·芬奇”。

6.1.3.2　第三行的移位密码

第三行“Oh,lame saint!”中有 11 个字母，其频次表现为：

```
a b c d e f g h i j k l m n o p q r s t u v w x y z
2       1     1 1     1 1 1 1       1 1
```

达·芬奇的名画“The Mona Lisa”（蒙娜丽莎）中也有 11 个字母，其频次表现为：

```
a b c d e f g h i j k l m n o p q r s t u v w x y z
2       1     1 1     1 1 1 1       1 1
```

因此，第三行的真实内容是“The Mona Lisa”（蒙娜丽莎，见图 6.2），其移位关系是：

```
           11
123 4567 8901
The Mona Lisa

52 8 43 0 961
oh,lame saint
```

其位置也没有明显的关系。

通过第三行移位密码的破译，得知“Oh,lame saint”是指“The Mona Lisa”，即“瘸腿的圣徒”是指“蒙娜丽莎”，而不是指某个人。

类似的移位字还有书中的导师雷·提彬爵士（Sir Leigh Teabing），它是由《圣血和圣杯》一书两名作者的名字移位而来的。两位作者的名字是：Michael Baigent 和 Richard Leigh，原形未变，Baigent 移位为 Teabing。

一般的移位密码应该有固定窗口尺寸，每个窗口的移位关系应该严格一致。丹·布朗在《达·芬奇密码》中是运用了密码的移位技术进行文学创作，将真实内容隐藏起来。

至此，通过第二、三行移位密码破译，就将人们重点引导到达·芬奇的名画上了。

图 6.2　蒙娜丽莎

6.1.4　隐写密码

在卢浮宫博物馆中有油画《蒙娜丽莎》，在其外面的玻璃上，雅克·索尼埃用隐写笔写下了只能在紫外线照射下才能看到的信息：“So dark the con of man”（男人的欺骗如此黑暗）。在附近的另一幅油画“Madonna of the Rocks”（岩间圣母，见图 6.3）的背后，雅克·索尼埃藏了一把钥匙，并用隐写笔在钥匙上写了一个地址：阿克索街 24 号。由此，他们最终找到苏黎世存托银行，并用菲波那契数列数字密码打开了保险箱。

图 6.3　岩间圣母

6.1.5　密码筒（Cryptex）

《达·芬奇密码》一书称，密码筒是达·芬奇发明的用来传递秘密信息的白色大理石圆筒，由 5 个大理石圆盘组成，每个圆盘上都刻有 26 个英文字母。圆盘中间是空的，存放秘密信息。信息写在莎草纸上，莎草纸绕在一个玻璃瓶上，瓶里装的是醋。如果有人强行打开密码筒，就会弄破玻璃瓶，瓶里的醋就会溶解莎草纸，从而防止泄露秘密。打开密码筒的正确方法是 5 个圆盘上的字母对齐在同一位置上，密码筒就能自动打开。密码筒上的字母顺序就是密钥。这种密钥的空间（变化量）为 26^5=11881376。罗伯特·兰登和索菲·奈芙经过各种探索（详见《达·芬奇密码》第 72 章和第 77 章），最后分析确定密钥是：S-O-F-I-A。本来看到的字母是 S-O-F-Y-A，读出来的音是 Sophia，索菲·奈芙认为祖父竟然用她的名字来编制密码！但又一想，这是 6 个字母，多了一个。后来联想到祖父曾提示是一个蕴含“智慧”的古词，而在古希腊语中，智慧这个词就拼作 S-O-F-I-A。

用 S-O-F-I-A 密钥顺利打开密码筒。当罗伯特·兰登和索菲·奈芙小心翼翼地取出其中的圆筒时，发现不是醋瓶，而是第二个密码筒，其中提示（详见《达·芬奇密码》第 78 章和第 82 章）：

伦敦骑士身后为教皇安葬
功业赫赫却触怒圣意
所觅宝珠曾在骑士墓上
红颜结胎道明其中秘密

罗伯特·兰登和索菲·奈芙在计算机上用 Knight（骑士）、London（伦敦）、Pope（教皇）、Tomb（坟墓）等关键词反复搜索，计算机上终于冒出一个完整句子：

> 由王宫贵族参加的艾撒克·牛顿爵士的葬礼，是由他的朋友兼同事亚历山大·蒲柏主持的，他在往坟墓上撒土之前，朗诵了一篇感人肺腑的悼词。

原来“A pop”不是一位教皇，而是亚历山大·蒲柏（A.pop）。这是丹·布朗在书中常用的文字游戏。

这段提示将罗伯特·兰登和索菲·奈芙引导到牛顿墓（见图 6.4）。他们在牛顿墓前反复寻找和研究，看到牛顿墓的上方有一个大圆球，反复琢磨，这不就是一只大苹果吗？苹果砸在了牛顿的头上，使他发现了万有引力。苹果的英文是 apple，正好 5 个字母，这是不是第二个密码筒的密钥呢？！罗伯特·兰登和索菲·奈芙想到此处，异常激动，立即试验，果然打开了第二个密码筒。

图 6.4　牛顿墓

《达·芬奇密码》一书从文学角度叙述了多种密码，将故事情节写得错综复杂，引人入胜。本节仅从专业密码的角度，筛选出双关语密码、数字密码、移位密码、隐写密码和密码筒五种密码进行探讨，希望通过故事的形式介绍密码。

6.2　爱情密码

2009 年，某报刊登一篇《约会？先破“爱情密码”》的文章。文章报道：2 月 14 日将至，那些恋人最近自然忙得不亦乐乎——准备爱情礼物，安排浪漫约会，等等；那些还隔着一层纸、隔着一座山的男女们，最近也忙着要捅破这层纸、爬过这座山，争取一起甜甜蜜蜜地过情人节。不过这年头，男同胞要想征服一颗芳心可不是仅仅懂得浪漫就可以的，还得有足够的智慧。话说一名男生向心仪的女生表白后，女生却不直接回答是否接受，而是给男生发了一串莫尔斯电码：

····-　　·----　　----·　　····-　　····-　　·----

---··　　·----　　····-　　·----　　-····　　···--

····-　　·----　　----·　　··---　　-····　　··---

··---　　···--　　--···　　····-

莫尔斯电码表如表 6.1 所示。

表 6.1　莫尔斯电码表

英文字母	电码符号	英文字母	电码符号
A	• —	B	— • • •
C	— • — •	D	— • •
E	•	F	• • — •
G	— — •	H	• • • •
I	• •	J	• — — —
K	— • —	L	• — • •
M	— —	N	— •
O	— — —	P	• — — •
Q	— — • —	R	• — •
S	• • •	T	—
U	• • —	V	• • • —
W	• — —	X	— • • —
Y	— • — —	Z	— — • •
阿拉伯数字	电码符号	阿拉伯数字	电码符号
0	— — — — —	1	• — — — —
2	• • — — —	3	• • • — —
4	• • • • —	5	• • • • •
6	— • • • •	7	— — • • •
8	— — — • •	9	— — — — •

第一步：还原莫尔斯电码。显然用的是莫尔斯电码的数字长码，还原后的数字为“4194418141634192622374”。

第二步：通过手机键盘还原字母，手机键盘字母排序如图 6.5 所示。

图 6.5　手机键盘字母排序

上述 22 个数字频次明显不平衡，通过反复观察发现，应该是两个数字为一组，每组的个位数都小于等于 4，如下排列：

```
41 94 41 81 41 63 41 92 62 23 74
```

联想到手机的输入键盘，数字键 4 表示的第 1 个英文字母（41）是 G，数字键 9 表示的第 4 个英文字母（94）是 Z，数字键 8 表示的第 1 个英文字母（81）是 T……以此类推，得出如下字母：

```
41 94 41 81 41 63 41 92 62 23 74
 G  Z  G  T  G  O  G  X  N  C  S
```

第三步：通过计算机键盘还原代替表。

上面的字母序列仍然不成文，看不懂。但是，在这 11 个字母中，有 Z 和 X，没有 E、O、A；而在一般的英文词组中，E、O、A 是高频字母，又是元音，应该出现；Z 和 X 是低频字母，不易出现。由此判断，这些字母不是明文原形，而是经过了代替变换。

在这 11 个字母中，G 有 4 个，频次很高，一般判断 G 应该是由元音字母 E、O、A 等变化而来。由于只有 11 个字母，要准确确定代替关系确实很难。但是一般分析，女生首先使用了莫尔斯斯电码，又使用了手机键盘，看来计算机键盘也应该在这个女生的考虑范围（这是典型的社会工程学分析方法）。

将计算机键盘的三行英文字母取出，排成一排，再将英文字母按字母表顺序排成对应的下一排，如下：

```
Q W E R T Y U I O P A S D F G H J K L Z X C V B N M
A B C D E F G H I J K L M N O P Q R S T U V W X Y Z
```

此时，上排的 G 与下排的 O 对应，上排的 Z 与下排的 T 对应，上排的 X 与下排的 U 对应……以此类推，这样，原来的低频字母变成了高频字母，分析有道理。通过上述代替关系，得出另外一串字母序列，如下：

```
41 94 41 81 41 63 41 92 62 23 74
 G  Z  G  T  G  O  G  X  N  C  S
 O  T  O  E  O  I  O  U  Y  V  L
```

字母的频次表现应该是对了，但仍然不成文。反复观察，终于发现其中有“LOVE”，还有“YOU”，还有“I LOVE YOU”……看来密码破译接近成功。

第四步：还原移位表。

首先，将“I LOVE YOU”按顺序进行数字编号，如下：

```
I LOVE YOU
1 2345 678
```

其次，将字母序列“O T O E O I O U Y V L”排出，将上述数字编号可以肯定的编号（在上述 11 个字母中只出现一次的字母的下排对应数字）排在下一排，如下：

```
O  T  O  E  O  I  O  U  Y  V  L
*  *  *  5  *  1  *  8  6  4  2
```

这时，发现下排数字有明显规律，它们按照奇偶顺序、逆序排列。按此规律，将其余数位编号添上，如下：

```
O   T  O  E  O  I  O   U  Y  V  L
11  9  7  5  3  1  10  8  6  4  2
```

按下排数字编号的顺序取出上排相应的字母，结果为“I LOVE YOU TOO”。

从还原移位表看，女生实际上是将“I LOVE YOU TOO”排成两列纵队，并自左而右、自下而上取出，如下：

```
1  2
----
I  L
O  V
E  Y
O  U
T  O
O
```

报道称，男生在收到女生发来的莫尔斯电码后，百思不得其解，随后求助于网友。在众网友的努力下，最终破译了这个“爱情密码”。

第7章
近代密码学

7.1 第二次世界大战中的密码应用

7.1.1 偷袭珍珠港

1941年12月7日，凌晨，1点28分。在美国西雅图（Seattle）附近的班布里奇岛（Bainbridge）上，美国海军无线电台的巨大天线在以太中颤动，一份电报正在东京至华盛顿的线路上传送，电报的接收方是日本驻美大使馆，但班布里奇岛的无线电台捕捉到了信号，截获了电报。电报很短，无线电传送只用了9分钟，班布里奇岛的无线电台全部收录下来是1点37分。

在华盛顿特区宪法大道美国海军部大厦1649房间的页式打印机上，这份被截收到的电报重新出现。在这间办公室里，以及在隔壁军需大厦美国陆军部的一间类似的办公室里，美国方面正通过“剥开”来往电报的密码外皮，窥视假想敌国最机密的意图和计划。

当天值班的是弗朗西斯·布拉泽胡德海军中尉。他立刻从这份电报上用于指示日本译电员操作的指标上看出，这份电报是用日本最高等级密码体制加密的。这是一种美国密码分析人员称为“紫密”的极为复杂的机械密码。在陆军通信兵团首席密码分析员威廉·弗里德曼领导下，一个密码破译小组破译了这种加密体制，推导出密码字母变换的机械原理，苦心研制出了一种与日本密码机外观相似、内部相同的密码装置。密码装置一套三件，摆在1649房间的一张桌上：一台输入用的电传打字机；一个密码分析装置，包括一个插线板、四个解码轮、相应的联机和开关，装在一个木质盒子里；还有一台输出用的打印设备。这台珍贵的装置，毫不夸张地说，比同等重量的黄金还要珍贵。

布拉泽胡德拨到12月7日的密钥上，在打字机上输入这份加密电报。几分钟后，电报明文出现在他眼前。明文是日文。布拉泽胡德的日文水平不足以翻译这份电报，他将脱密电报贴上红色优先级标签，直接送到有日文翻译值班的陆军通信情报处。

7点，布拉泽胡德中尉下班，有关情况交代给接班的阿尔弗雷德·佩林海军中尉。7点30分，主管翻译部门和分发截收电报的日文专家奥威·克雷默海军少校上班。陆军通信情报处已送来翻译出的电报：“请贵大使在当地时间7日下午1点将我国的答复递交美国政府（如可能则递交国务卿)。”电报中提及的“答复”已经在过去18个小时30分钟内由东京分为14部分后发至华盛顿。布拉泽胡德海军中尉已经将其脱密，是英文，其中第14部分的最后一句是:“因此，日本政府遗憾地通知美国政府，鉴于美国政府的态度，日本政府不得不认为通过今后的谈判不可能达成协议。”这是很不好的兆头。

明确递交答复时间的电报立即引起克雷默的注意。电报要求日本同美国的谈判在某一限定时刻破裂，要求日本驻美大使递交照会的时间是星期日下午1点，这是极不寻常的。克雷默查看了时差表，发现华盛顿时间下午1点，相当于夏威夷时间上午7点30分。克雷默将日本政府的“答复”以及明确递交答复时间的电报复制了14份文档，其中2份存档，余下的分送总统、国务卿、陆军部长、海军部长以及少数几个陆海军高级将领。

克雷默首先来到斯塔克海军上将办公室，将文档交给正在值班的情报处远东科科长麦克勒姆，并向其特别指出了电报中时间的重要意义。之后，他转身匆匆沿走廊快步离去，走出海军部大楼，向后拐上宪法大道，直向八个街区之外、正在召开会议的国务院走去。

克雷默携带事关紧要的电报在华盛顿行人稀少的街道上疾步前行时，是日本驻美大使馆的译电员把那份明确递交答复时间的电报脱密出来之前一小时，也是日本舰载机自航空母舰呼啸起飞、前往执行任务之前一小时。这或许是密码史上最荣耀的时刻。

也是在这一天，1941年12月7日，上午9点30分至10点之间，日本驻美大使馆的密码译电员被叫回大使馆工作。他们已经空等“答复”第14部分的电报整整一夜。他们首先脱密那些较长的电报，经验表明，这些电报往往比较重要。同一时间，大使馆一等秘书奥村胜藏正在用打字机打印“答复”，即最后通牒的前13部分。日本外务省出于保密考虑，禁止普通打字员打印密级文档，而奥村胜藏是唯一使用打字机还过得去的高级官员。11点30分，密码译电员吉田调整好当天密码机使用的密钥，脱密出一份较短的密码电报。脱密结果是一项指令，要求日本驻美大使在华盛顿时间当天下午1点向美国国务卿赫尔递交那份包含有14部分的“答复”。这使大使馆全体人员惊慌失措。“答复”第14部分的电报甚至还未从送到的电报中筛出，更谈不上脱密了！而且，鉴于日本和美国的紧张关系，日本外务省已指示驻美大使馆仅保留一部密码机加/脱密所有来往密报，其余密码机全部销毁。

就在几个街区之外，美国陆军参谋长马歇尔上将走进办公室，看到办公桌上的文件夹。那份包含14部分的电报放在上面，下面就是“一点指令”。他开始仔细阅读最后通牒，之后才发现那份指示递交照会时间的电报。同其他人一样，那份递交照会时间的电报令他震惊。他感到局势紧急，拿起电话接通斯塔克海军上将，希望联名向驻太平洋地区的美国部队发出一份警告电报。斯塔克认为发出的警告已经够多了，再发警告会使司令官们困惑。于是，马歇尔写出他要发出的电报:“**日本人约定在东部标准时间今天下午1时递交一份相当于最后通牒的照会，而且他们奉命立刻销毁他们的密码机。设定时间可能含有的重要意义尚不知晓，但应保持警惕。**”马歇尔快要写完电报时，斯塔克回电称，经过重新考虑，希望马歇尔在他的电报上加上“此电报通知海军当局”。电报随后分别发往驻菲律宾、夏威夷、加勒比海和西海岸各地区的美军指挥官。

在大致同一时间，日本驻美大使野村打电话给美国国务卿赫尔，要求在下午 1 点会晤。而在夏威夷以北 230 英里，日本舰载机第一梯队正在雷鸣中飞离航空母舰的飞行甲板。

日本驻美国大使馆内仍是一片喧闹和混乱。“一点指令”脱密后，奥村胜藏继续用打字机处理照会的前 13 部分。12 点 30 分左右，密码室终于将照会，也就是最后通牒的第 14 部分送来。但是，奥村胜藏还远未打完照会的前 13 部分。日本人打电话给赫尔，要求将会晤时间推迟至下午 1 点 45 分，因为需要递交的文档尚未准备完毕。赫尔勉强同意。

差不多就在日本人打电话给赫尔要求推迟会晤时间的时候，海军中佐渊田和他率领的包括 51 架俯冲轰炸机、45 架高空水平轰炸机、40 架鱼雷轰炸机、43 架战斗机的飞行编队抵达珍珠港上空。他用信号枪打出一条“黑龙”，指示飞行编队应采取完全突袭的攻击队形展开。9 分钟后，他用无线电发出电报“突、突、突”，也就是日文“攻击”一词的第一个发音音节。飞行编队进入攻击位置，渊田非常有把握地认为他已完全实现了突击状态。7 点 53 分，甚至在第一枚炸弹投下前两分钟，他已欢快地用无线电发出“虎！虎！虎!”。这是事先约定进行突袭的隐语。7 点 55 分，第一枚炸弹在珍珠港中部福德岛南端水上飞机下水坡道脚下爆炸。

奥村胜藏还在打字，他的手指继续敲击着键盘，而这时，鱼雷炸翻了“俄克拉荷马号”，炸弹炸沉了“西弗吉尼亚号”，1000 余名军人死在烧焦的“亚利桑那号”里。华盛顿时间下午 1 点 50 分，奥村胜藏终于到达他“马拉松”打字的终点。大使在门厅等待，拿到文档后即刻出发前往国务院。赫尔后来在回忆录中写到：

日本使节在 2 点 05 分到达国务院，走进外交官等候厅。差不多就在这个时候，总统从白宫打电话给我。总统的话音低沉但清晰。

总统说：“有报告说日本人已经攻击珍珠港。”

“报告已经得到证实？”我问。

他说：“没有。”

我们两人都表示相信报告可能是真的。我心中想到同日本大使的约会，提议总统去把报告证实一下……

野村和来栖 2 点 20 分步入我的办公室。我冷淡地接待他们，没有请他们就座。

野村忐忑地说他奉其政府指示在下午 1 时递交一份文档，但是电报脱密发生困难使他推迟。然后野村把他的政府照会递给我。

我问他为什么在第一次约请会面中特别约定在下午 1 时。

他回答说他不知道，这是政府给他的指示。

我假装将照会从头看到尾。我已经知道照会全文，但自然一些不会显露出已经知道的事实。

在看过两三页之后，我问野村是不是根据他的政府指示递交照会。

野村回答说他是根据政府指示。

我浏览完照会，转过脸对着野村，眼睛盯着他。

“我必须说，”我说，“在过去9个月同你的全部谈话中，我从未说过一句假话，谈话记录完全可以证明。在我担任公职的50年中，我从未见过这样厚颜无耻、充满虚伪与狡辩的文件——无耻的虚伪与狡辩达到如此程度，直到今天我都未曾想过在这个星球上有哪个政府能够说得出。”

野村好像要说什么。他表情冷淡，但是我感觉到他情绪极度紧张。我做出手势制止了他，我朝着门口点头示意。两名大使未发一言，低头转身走出。

日本希望将警告时间消减到最为靠近可能的边缘，但这种希望在攻击的硝烟中幻灭了。日本未预先发出通知就发动了战争。这次宣战的失败，成为日本战犯后来受审和判罪的部分罪状，有些人为此付出了生命。从另一个角度看，即使照会按时递交，攻击前仅剩25分钟也不足以完成防止偷袭所需要的所有步骤：阅读照会，猜测将发生军事攻击，通知陆军部和海军部，拟稿、加密、发送和脱密一份恰当的预警电报，向前线部队报警，等等。这就是日本刻意打算的。然而，正如美国方面不断叠加、不断积累的多重人为错误帮助日本实现了完美战术突袭一样，日本方面所产生的一连串人为错误也使他们的所作所为失去了最后一点点的合法性。

时任日本外相东乡后来在回忆录中写到：“海军军令部次长伊藤整一海军中将告诉我，统帅部发现有必要把递交照会时间较以前商定的时间推后30分钟。他们希望我对此表示同意。我问到推迟的原因，伊藤说这是由于他计算错误……我进一步问到通知和进攻之间可有多长的时间间隔。但是，伊藤借口事关作战机密，拒不回答这个问题。我坚持，要求保证即使把递交时间由中午12点30分推迟至下午1点，到进攻发生时还需留有足够的时间。伊藤给出了这个保证。根据这个保证，我同意了他的要求。在离去时，伊藤说：‘我们希望你不要过早地把通知电告驻华盛顿大使馆。’”。在这个要求中，埋下了日本在法律上有罪的种子。

在华盛顿，遭到攻击的第二天中午，美国总统面对参众两院联席会议暴风雨般的掌声，打开了一个黑色活页记事簿。待喝彩声渐渐变为庄严肃静时，他开始了演讲：“昨天，1941年12月7日——必须永远记住这个耻辱的日子——美利坚合众国受到了日本帝国海空军突然的蓄意进攻。”他提及了日本人在送交最后通牒时的致命延误：美国和日本是和平相处的，根据日本的请求仍在同它的政府和天皇进行会谈，以期维护太平洋和平。实际上，就在日本空军中队已经开始轰炸美国瓦湖岛之后的1小时，日本驻美国大使还向我们的国务卿提交了对美国最近致日方信函的正式答复。虽然复函声称继续现行外交谈判似已无用，但并未包含有关战争或武装进攻的威胁或暗示。

为什么当时没能防止“珍珠港事件”呢？因为日本人从未发出过像“我们将在某日某时进攻某地”那样的电报，因此，密码分析人员不可能解决这个问题。尽管截收和破译了大量日本异常关心军舰进出珍珠港的电报，但是，负责这方面的情报官员却将这些电报与许多美舰进出其他港口及巴拿马运河的电报等同评价和处理。“珍珠港事件”的原因很多而且复杂，但是无人责难海军通信保密科和陆军通信情报处。恰恰相反，调查攻击“珍珠港事件”的国会委员会称赞这两个单位履行本身职责“值得高度赞扬”。

战争已经开始。如果说密码分析人员没有机会在战争之前发出警告和拯救美国人的生命，那么他们在战争期间就有足够的机会来发挥他们的才智。在美国把日本在珍珠港取得的战术性胜利转变为战略上失败的战斗中，用国会参众两院联合委员会的话来说，密码分析人员“对打败敌人作出了巨大贡献，大大缩短了战争，拯救了千千万万人的生命。”

然而，这是另外一个故事了。

7.1.2 中途岛战役

1941 年 12 月 7 日，“珍珠港事件”爆发，摧毁了美国舰队主力；12 月 10 日，关岛被攻占；12 月 23 日，威克岛被攻占；12 月 25 日，香港沦陷。随后，日本空军炸沉“韦尔斯亲王号”和“反击号”两艘英国战舰，给温斯顿•丘吉尔以沉重打击，使整个西太平洋、印度洋、大洋洲，乃至澳大利亚均无海军防守。东条英机的陆军攻陷新加坡和拥有大量橡胶园的马来西亚，随后又攻陷拥有丰富油田的荷属马来群岛，泰国和所罗门群岛都在日军手中，中国处于封锁之下。1942 年，菲律宾投降。

迅速取胜使日本战争野心不断膨胀，贪心不足的日军统帅们被胜利冲昏头脑，日本海陆军将领们又准备实施两项更加野心勃勃的计划：一是向南挺进，在距澳大利亚仅 400 英里的新几内亚东南端穆尔斯比港进行两栖登陆；二是攻占中太平洋一个小环礁——中途岛。

第二项计划包括两部分。一是占领环礁。环礁有两个小珊瑚岛，大的长仅两英里，本身并无实际价值，但却有重要的战略意义，占领两岛可控制整个中太平洋，从而控制两侧的通路。二是诱出美国舰队残部加以消灭。计划的第二部分更为重要，因为日本联合舰队司令长官山本五十六海军大将十分在意美国工业的巨大力量，一直认为日本必须在美国工业走上战时生产轨道之前迅速取得对美作战的胜利。山本五十六知道，美国绝不可能像放弃关岛和威克岛那样轻而易举地放弃中途岛。当在“珍珠港事件”中遭到重大损失的美军太平洋舰队为守卫中途岛出航时，他可以使用压倒性的优势兵力一举全歼太平洋舰队。而这个最后灾难性的打击会使美国人认识到日本不可战胜，从而放弃这场毫无取胜机会的战争，拱手让日本控制整个西太平洋。

日本有所不知，美国已准备好一件足以改变太平洋军事力量对比的强有力的秘密武器。

这件秘密武器就放在珍珠港海军船坞内 14 海军区行政大楼狭长且没有窗户的地下室里。这是一个机构，一扇拱形门保护着它的秘密，楼梯上下的铁条门阻挡着非法进入者，门卫夜以继日守卫。战争爆发时，这个机构大约有 30 余名官兵。这就是为太平洋舰队提供情报保障的无线电情报机构——作战情报组。

1941 年 5 月，约瑟夫·约翰·罗切福特（Rochefort）海军少校担任该组负责人。该组大部分人员从事侦收、测向、报务分析等工作。在“珍珠港事件”前，其主要任务是破译日本司令长官密码体制，以及日本其他诸如行政、人事、气象等部门使用的密本。“珍珠港事件”三天后，该组任务进行了重大调整，日本司令长官密码体制的破译工作交由华盛顿海军通信保密科，而代号为 JN25 的日本舰队密码体制的破译成为其主要任务。JN25 是日本海军使用最广泛的密码体制，约有一半的电报采用该密码体制加密。已经有其他三个密码分析单位开始了 JN25 密码体制的破译，它们是 16 海军区工作组、驻新加坡英国工作组和海军通信保密科。前期工作已判明 JN25 是一个编有大约 45000 组五码数字的两本密本，用两本各有 50000 组五码随机数的随机数本加密。JN25 密本 b 版（JN25b）于 1940 年 12 月 1 日启用，于次年 11 月达成部分破译；1941 年 12 月 4 日 6 时，新随机数本和新指标同时启用，4 天后，被作战情报组攻破，实现了部分破译。罗切福特作战情报组的加入，使得 JN25b 密码的破译更加有条不紊。四个单位密切合作，还原的孤立明文片断逐渐增多、扩大、连接成文，大片连贯的明文提供了日本作战意图和计划的线索。

日本对长期使用 JN25 密码也感不安，决定在 4 月 1 日启用新版 JN25c，但是，由于保管密码本的日本海军文库工作十分混乱，加之给移动舰船、飞机和分散设备分发密码本也十分困难，因此，不得不将启用时间延至 5 月 1 日。或许由于日本军事征服地域广大使得密码分发工作受挫，或许没有人积极从事这方面的工作，或许日本根据军事胜利认为它的密码没有被破译而不必要更换密码，总之，日本舰队密码体制新版启用日期再次从 5 月 1 日推迟至 6 月 1 日。这两次推迟使得美国密码分析家们赢得了更多深入研究 JN25b 的时间。美国密码学家们的卓越工作，加之日本密码分发工作的两次推迟，终于使得 4 月 1 日之后的几个星期成为决定历史的关键日子。

4 月 17 日，密码分析家们查明日本企图攻占穆尔斯比港和威胁澳大利亚的计划要点。新任太平洋舰队总司令切斯特·尼米兹海军上将派出“列克星顿号”和“约克城号”两艘航空母舰应对。5 月 7 日，美军舰载机群炸沉日本轻型航空母舰“祥凤号”。日本运输船队失去舰载机掩护，向北退去。5 月 8 日，由两艘大型航空母舰编成的日军主力部队与美国特遣舰队展开激战。日本方面：一艘航空母舰失去战斗能力，另一艘飞行甲板被炸弯，无法回收全部舰载机，致使多架舰载机不得不被丢弃到海中。美国方面：“约克城号”受伤，“列克星顿号”受重创，在救援无效后，由一艘美国驱逐舰发射鱼雷将其击沉。虽然日本在战术上胜利了，但在战略上却失败了。日本主要作战目的之一——向南挺进登陆穆尔斯比港失败了。自此，日本运输船队再也没有进入过珊瑚海，澳大利亚遭受攻击的威胁被解除了。

5 月 5 日，美国截获并破译了日本发布的第 18 号大海令："联合舰队司令长官同陆军协力攻占阿留申群岛西部和中途岛战略要地。"日本另一主要作战意图——攻占中途岛、全歼美国舰队残部完全暴露于美国。

日本未能如期更换密码，意味着它把中途岛作战电报隐蔽在一种美国密码分析家们几乎已经完全吹散了的密码烟幕之后。源源不断的密码破译材料送到尼米兹海军上将的办公桌上。

5 月 15 日，舰队情报综合预报了日本将在 5 月 30 日与 6 月 10 日之间的某个日期袭击或攻占阿留申群岛的荷兰港。这几乎可以肯定是个佯攻行动。日本何时主攻何地，尚无明确答案。尼米兹判断日本的主攻目标是中途岛。海军作战部长内斯特·金判断日本作战目标是瓦胡岛。

山本五十六充分认识"突然性"这个难以估量的有利因素往往会决定战争的进程和成败。他深信美军无力防守所有地方，只能在一个受日本行动左右的时间和地点实施反击。这就保证了他能够掌握和控制任何形势的主动权。除此之外，他还拥有绝对的兵力优势：11 艘战列舰、5 艘航空母舰、16 艘巡洋舰和 49 艘驱逐舰。而尼米兹没有战列舰，仅有 3 艘航空母舰、8 艘巡洋舰和 14 艘驱逐舰。

5 月 20 日，山本五十六发布作战命令，详细说明中途岛攻击中将采用的战术。命令规定：6 月 3 日开始对阿留申群岛实施一次佯攻；随着尼米兹兵力失去平衡，开始向中途岛守军猛烈轰炸；接着在 6 月 6 日拂晓实施攻击；当太平洋舰队忙于从阿留申群岛南调或从珍珠港出击保卫中途岛时，日本占绝对优势的舰载轰炸机和鱼雷机即刻出动，予以攻击；最后，由山本五十六亲率战列舰和巡洋舰击沉残存船只。

山本五十六有所不知，他的作战命令也被盟国在太平洋连接成网的无线电接收站截获。作战命令电报很长，说明它非常重要。经过一个多星期的努力，美国密码分析家们还原了密码电报的 80%～85%，尚拿不准的是作战命令的最重要部分：各次作战的日期和时间。电报中表示日期和时间的部分显然是用一种多表代替的密码体制再次加密的。美国密码分析家们从未破译过这种加表体制。密码专家认为，与其浪费人力进行毫无成果的努力，不如拼尽全力破译报文主体部分，攻击时间的确定留给海军其他情报部门，它们可根据舰速和相关资料估计进攻的具体日期和时间。

作战情报组已经破译出攻击地点。日本人使用地图上的代码坐标表示地理位置，他们称之为"地名变化体制"。采用这种体制是为了保密，同时，也可以避免地名的片假名和平假名音译的错误。密码分析家们已经部分还原了一张采用这种体制的地图。比如，他们知道珍珠港的地名代码坐标；几周前，他们还从两架在中途岛上空进行侦察的日本飞机发出的电报中发现代码坐标 AF。根据电报分析，AF 应该代表中途岛。但是，这个地名代码寄托着美国舰队命运，甚至整个太平洋战争今后的进程，军事首脑们要求证实这个地名代码。

罗彻福特决定诱骗日本人给他们提供依据来证实地名代码的正确性。他们提出一个想法：由中途岛守军发出一份明码电报，日本人必须能够截获这份电报；而日本人的加密电报又会被美国人截获和破译，日本加密电报中使用的地名代码就是中途岛。在美国人策划下，中途岛守军向珍珠港总部发出一份“中途岛蒸馏水设备损坏”的明码电报。密码学家们等待着。两天后，在截获的日本加密电报中出现了一份 AF 缺水的电报。

5 月 27 日前后，同参加此次作战的日本舰队的舰长们一样，尼米兹也知道众多关于中途岛作战的情况，这些情况来自日本本身，甚至已经得到证实，唯一不明的是进攻时间。情报人员经过一番精密的估计、推断、测算和预算，得出初步结论：攻击中途岛的作战日期为 6 月 3 日。

罗彻福特的作战情报组继续努力，逐渐发现日本使用的密码是一种采用非推移的随机数多表代替密码，外部的明文和密钥字母序列由片假名和平假名组成。每个序列各有 47 个假名，构成一张含有 2209 个单元（47×47）的多表代替底表，比普通的含有 676 个单元（26×26）的维吉尼亚底表大三倍多。攻击日期和时间的破译结果已经得出，但是破译结果不甚严密，但大体可靠。罗彻福特原则上同意将破译结果上报尼米兹。尼米兹最终得知日本已经命令于 6 月 2 日攻击阿留申群岛、6 月 3 日攻击中途岛环礁。尼米兹对日本的攻击日期和时间十分肯定，因为不仅有情报人员的准确预测，更有密码破译的技术支持。

5 月 27 日，尼米兹发布第 29～42 号作战计划，声称“敌军将伺机攻占中途岛”，并详细说明他的反击部署。他命令航空母舰部署在中途岛以北约 350 海里（1 海里≈1852 m）、代号为“幸运点”的位置。这个位置在山本五十六的侧翼。日本不可能侦察到美国舰只。

6 月 2 日，美国三艘航空母舰“企业号”、“大黄蜂号”和紧急修理好的“约克城号”到达指定地点。此时，日本已成功更换密码。更换后的密码完全蒙住了作战情报组的密码分析家们。他们开始攻击所谓的 JN25c 密码。在 8 月份日本突然启用 JN25d 密码前，JN25c 密码的破译只取得微小的进展。事后，美国某密码分析家曾说：“如果日本能够按计划于 4 月 1 日更换密码，美国就不能及时有效解决问题；甚至 5 月 1 日更换，也不可能解决问题。如果那样，中途岛就十分危险了。”但是，6 月更换密码已无济于事，所有计划已经确定，大规模作战行动已在进行之中。

6 月 4 日，由参加过“珍珠港事件”的“赤城号”、“加贺号”、“飞龙号”和“苍龙号”四艘巨型航空母舰编成的主力突击部队还在厚云之下隐蔽。日本没有发现美国海军，也不积极去发现美国海军，因为日本方面预料，美国舰队不会在附近海域出现，它应该留在珍珠港，等待发现日本主力突击部队要进攻什么地方，以便及时进行支援。10 点 30 分，“企业号”出动的俯冲轰炸机队向“赤城号”、“加贺号”和“苍龙号”俯冲轰炸。一弹命中引起“赤城号”鱼雷库爆炸起火，另一弹在该舰甲板上正在换装弹药的舰载机中爆炸，烈焰燃烧，24 小时内，“赤城号”沉没。“加贺号”连中四弹，于当晚沉没。“约克城号”的俯冲轰炸机用 3 枚半吨重的炸弹连续命中“苍龙号”，20 分钟后，日军被迫放弃该舰，几小时后，被美军潜艇鱼雷击沉。随后，“苍龙号”在当天下午被击沉。日本虽然也炸沉了“约克城”号，但是，山本五十六已意识到他的舰队遭到重创，不得不取消入侵中途岛计划。6 月 4 日这天注定了日本的失败。

中途岛之战是第二次世界大战中的重要战役，是近代战争史上以弱胜强、以少胜多的典型战例。其战略意义十分巨大：一方面，它改变了交战双方的战略态势，战略上的攻方变成了战略上的守方，战略上的守方变成了战略上的攻方；另一方面，日本经过此役，元气大伤，从此一蹶不振。因此，该战役当之无愧地成为第二次世界大战中太平洋战争的转折点。

中途岛战役，美国取得了决定性的胜利。尼米兹海军上将在总结中途岛战役时写到：“中途岛作战本质上是情报的胜利。日本人企图实施突然袭击，但他们自己却遭到突然袭击。”马歇尔陆军上将说得更加明确：“由于密码分析的结果，我们能够集中有限兵力阻止日本海军向中途岛进犯，否则我们就会在三千里之外……与其他任何破译相比，JN25b 密报的破译以及密报内时间地点密表的破译，在很大程度上影响了历史的进程。作战情报部门的密码译员影响了国家的命运，他们决定了舰队和船员的命运，改写了战争的历史，打击了日本野心勃勃的嚣张气焰。”

7.1.3 山本五十六之死

7.1.3.1 “伊 1 号”潜艇

1943 年 1 月 29 日晚，载运物资和兵员的日本潜艇“伊 1 号”在新西兰驱逐快艇“基威号”附近浮出海面。“基威号”艇长布里德逊海军少校命令快艇全速冲向“伊 1 号”，因为“伊 1 号”潜艇体积比“基威号”驱逐快艇大一倍，枪支火力猛两倍，只有撞击才有可能取胜。晚上 11 点 20 分，潜艇在瓜达卡纳尔岛西北端触礁搁浅。对日本而言，这里是敌占区。

除其他物资外，“伊 1 号”潜艇载有 20 万册 JN25 密码密本。潜艇人员上岸后，掩埋了部分密本，并将此事上报日军司令部。日军即刻派飞机进行投弹、派潜艇发射鱼雷将搁浅的“伊 1 号”击沉，企图毁灭尚存于艇内的文件。但是，盟军已经捞到部分密本，包括现用密本和备用密本。捞获文件的价值有多大不得而知，但“基威号”艇长布里德逊海军少校及其轮机长后来被授予海军十字勋章。

在没有硝烟的密码博弈中，日本的失败和盟国的成功形成鲜明对比。盟国密码分析人员（在太平洋以美国人为主）在日本密码体制的方阵中横冲直撞。他们肆意掠夺，只关注重要密码。据美国密码分析人员估计，美国密码分析机构在二战时破解的日本海军密码有 75 种之多。

7.1.3.2　山本五十六巡视日程

1943 年春，所罗门群岛战局不断恶化。日军被逐出瓜卡达纳尔岛，补给线受到盟军连续不断的空袭骚扰。为鼓舞士气，准备反击，联合舰队司令长官山本五十六海军大将决定亲自前往所罗门群岛各基地进行巡视。1943 年 4 月 13 日下午 5 点 55 分，第 8 舰队司令官将 5 日后山本五十六巡视日程加密后发送给所属第 1 基地部队、第 26 航空战队、第 11 航空战队各指挥官，以及第 958 航空队司令和巴莱尔守备队指挥官。由于收报单位众多且大小不一，加之需要确保海军首脑安全，日本通信人员选择当时分发最为广泛的高密度 JN25 密码加密巡视日程电报。

但这一情报采用的密码已被盟国破解。作战情报组截获了第 8 舰队司令官播发的电报，盟军各分散密码分析单位及时交换破译结果，同时得到数周前自“伊 1 号”潜艇缴获文档的帮助，最终破译出的电报全文如下：

联合舰队司令长官将依照以下日程视察巴莱尔、肖特兰和布因：

（一）0600，乘中型攻击机离腊包尔（战斗机 6 架护送）；0800，抵巴莱尔。立刻乘驱逐舰（由第 1 基地部队准备一艘）前往肖特兰；0840，抵肖特兰。0945，乘同一驱逐舰离肖特兰；1030，抵巴莱尔（肖特兰准备攻击艇一艘、巴莱尔准备汽艇一艘用作交通艇）。1100，乘中型攻击机离巴莱尔；1110，抵布因。在第 1 基地部队司令部午膳（第 26 航空战队高级参谋参加）。1400，乘中型攻击机离布因；1540，抵腊包尔。

（二）视察程序：听取部队现状简短汇报，视察部队（含第 1 基地部队医院病员）。但各部队当日任务应照常进行，不得中断。

（三）除各部队指挥官着陆战队服装佩戴奖章外，队员着当日服装。

（四）如天气不佳，视察顺延一日。

日程表详细记录了山本五十六当日全部活动及时间地点。这份破译出来的电报等于日军最高指挥官的一张死状。

7.1.3.3　死状签发

问题是：应否执行？这是一个不易回答的问题。尼米兹海军上将聚精会神、反复权衡正反两种意见的利弊。

巴莱尔—肖特兰—布因地区恰巧是哈尔西海军上将负责的战区，因此，尼米兹给哈尔西发出一份绝密电报，提到山本五十六巡视日程，并授权哈尔西，如你部能力所及，直接击落日机。哈尔西当时在澳大利亚，他的副手西奥多·威尔金海军中将回电报告他能够做到。

死状就这样签署、盖章、印发了。

7.1.3.4 执行死刑

4 月 17 日下午，美军陆军航空队约翰·米切尔陆军少校和托马斯·兰菲尔陆军上尉步入瓜达卡纳尔岛亨德森机场陆战队一个潮湿发霉的防空壕。一名作战军官递给两人一份绝密电报，电报详细说明了山本五十六的行程，包括抵达的地方和离开的时间。经研究，两人决定在空中截击山本五十六的座机。

作战计划建立在山本五十六的座机必须按计划准时的前提之上。日本、美国双方都知道，山本五十六一向严格遵守日程表行事。两人周密安排了时间表，由于巴莱尔接近飞行员所驾驶的双引擎 P-38“闪电式”战斗机飞行航程极限，因此无充裕的油量等候敌机。虽然日本电报称山本五十六的座机在拉包尔起飞 2 小时后于 8 时整抵达巴莱尔，但计算表明双引擎“三菱”陆上攻击轰炸机实际飞行 1 小时 45 分即可抵达巴莱尔。这一推算可由自稍近些的布因返回的估计飞行时间为 1 小时 40 分钟得到部分证实。如此，山本五十六将在上午 7 时 45 分左右抵达巴莱尔。由于山本五十六的座机由 6 架战斗机护航，因此米切尔和兰菲尔决定在距离布干维尔海岸 35 英里的空域迎击，避开距离布因不远的卡希利机场上空飞行的日机。这一决定将截击时间提前 10 分钟，即上午 7 时 35 分。

次晨，18 架 P-38 战斗机于上午 7 时 25 分自亨德森机场跑道起飞。35 分钟后，在 700 英里外，山本五十六一行的编队按预定时间起飞。美机实行无线电静默，在蒙达、伦多瓦和肖特兰附近贴近海面飞行了一个 435 英里的半圆形，避开了雷达探测。米切尔盯着罗盘和速度仪驾驶飞机，在起飞 2 小时零 9 分钟后掠过海浪冲向布干维尔海面。米切尔按秒计算飞行时间。突然，整个事情犹如预演过一样完美，山本五十六一行飞行编队的黑点就在 5 英里外天空出现。

米切尔率领 14 架战斗机升至 20000 英尺高空隐蔽，迎击敌机。兰菲尔扔下副油箱，同僚机飞行员巴伯陆军中尉在护卫山本五十六座机的零式战斗机发觉前，爬高至座机右方 2 英里以内和前方 1 英里，转而发动攻击。兰菲尔击落一架敌机后，在这架飞机背上飞过，寻找前导轰炸机。他发现这架轰炸机正在树梢高度躲避。当他飞向轰炸机时，两架零式战斗机向他俯冲过来。但是，他说道：“我突然遇到敌机十分顽强的抵抗，我想我前头大概是一个大目标。我在大致准确的角度用长时间稳定的火力向轰炸机飞行的方向射击。轰炸机先是右引擎、后是右翼爆炸起火。……当我飞近山本五十六的座机、进入火炮射程之内时，轰炸机机翼脱落，坠落在热带丛林中。”零式战斗机在空中无助地呼啸着。与此同时，巴伯击毁另一架“三菱”轰炸机。兰菲尔爬高至20000英尺高空，甩掉追逐敌机。除一人外，他和执行这次任务的其他飞行员全部安全返回亨德森机场。

布干维尔丛林深处，山本五十六的副官找到海军大将被烧焦的尸体。犹如尼米兹预见的一样，山本五十六之死震惊日本全国。

为太平洋舰队提供情报保障的无线电情报机构——作战情报组，酿成了一个可能在密码分析史上最惊人的事件，密码分析使得美国获得了一次相当于大战役的胜利。

7.2　M-209密码机加密和破译

7.2.1　M-209密码机回顾

M-209密码机操作面板如图3.6所示，其机械结构如图3.7所示（详见3.3节）。

7.2.1.1　三层密钥或两层密钥

严格地讲，M-209密码机可设置三层密钥：一是鼓状滚筒的27根横杆上2个凸片位置的设置；二是6个圆盘上每个字母下面销钉左凸或右凸位置的设置；三是消息指示线6个字母的设置。但是在实际使用时，由于鼓状滚筒横杆凸片位置以及圆盘上每个字母下面销钉位置的设置比较麻烦，这两层设置一般在设置后的一段时间内通常会保持不变，故将这两层密钥统一看待，称其为基本密钥；而消息指示线6个字母的设置比较方便，可以一报一变，称其为报文密钥。

7.2.1.2　加密过程和数学抽象

撇开M-209密码机复杂的机械传动装置，其加密过程是：设置好鼓状滚筒的27根横杆上所有凸片的位置，设置好6个圆盘上所有字母销钉的位置，设置好6个报文密钥字母（如“AAAAAA”），通过转动明文字母轮将需要加密的明文字母拨到加密窗口位置，之后转动密码机右侧手柄，鼓状滚筒转动一个周期（一整圈）。在这个周期中，6个圆盘不动，6个圆盘中与鼓状滚筒接触的一排字母（这时是“PONMLK”）的有效销钉与27根横杆上有效凸片接触，将其中k个横杆向左顶出（k称为选定杆数），使得密文印字轮转动k格。其效果相当于一个逆序字母表右移k位作为加密用的代替表。例如，当$k = 4$时，代替表为：

明文字母：A B C D E F G H I J K L M N O P Q R S T U V W X Y Z。

密文字母：D C B A Z Y X W V U T S R Q P O N M L K J I H G F E。

如果这时加密窗口位置的明文字母是A，密文印字轮印出的密文字母就是D，依次类推。之后，6个圆盘统一转动1格，为加密下一个字母做好准备。加密下一个字母的操作同上，鼓状滚筒还是转动一个周期，但是6个圆盘中与鼓状滚筒接触的一排字母（这时是“QPONML”）的有效销钉变了，向左顶出的横杆数也变了。简言之，这时就选定另外一个逆序字母表作为加密用的代替表。设销钉选定的杆数为 k，要加密的明文字母为 m，加密后的密文字母为 c，则M-209密码机的加/解密可以用以下同余式表示。

$$\text{加密同余式：} c \equiv 25+k-m \pmod{26} \qquad (7\text{-}1)$$

$$\text{解密同余式：} m \equiv 25+k-m \pmod{26} \qquad (7\text{-}2)$$

可见，加密变换和解密变换完全一致，这时的 k 也称为乱数。

7.2.2 M-209密码机加密示例

(1)设置好鼓状滚筒的27根横杆上的所有凸片位置。每根横杆上的凸片有6个有效位置，对应6个圆盘。以1表示有凸片，即凸片设置在该横杆（1,0,2,3,4,5,0,6）位置中的非“0”位置上；以0表示无凸片，即凸片设置在该横杆（1,0,2,3,4,5,0,6）位置中的“0”位置上，则27根横杆及每根横杆上凸片的设置可以用一个6×27的表（见表7.1）表示。

(2) 设置好6个圆盘上所有字母下的销钉位置。同样以1表示销钉有效，即右凸；以0表示销钉无效，即左凸，则6个圆盘上所有字母下销钉的设置可以用一个6×n的表（见表7.2）表示。

(3) 将所有字母表示成数字，如下所示。

A	B	C	D	E	F	G	H	I	J	K	L	M	N	O	P	Q	R	S	T	U	V	W	X	Y	Z
0	1	2	3	4	5	6	7	8	9	10	11	12	13	14	15	16	17	18	19	20	21	22	23	24	25

M-209密码机机械结构的关键是鼓状滚筒的27根横杆上的凸片和6个圆盘上字母对应的销钉。销钉可理解为表7.1的0、1。由于有6个圆盘，所以每个横行是由6个0、1组成的状态，共有 2^6=64 种情况。凸片可理解为每个圆盘在有效时作用的大小。例如，1轮=4，2轮=10，3轮=1，4轮=3，5轮=9，6轮=14。由于在两个轮子同时有效时，只起一次作用，因此要减去两个轮子同时有效的情况（比如，当1轮和2轮有效、其余轮无效时，有效数不是4+10=14，而是4+10−1=13，参见表7.1第3行“110000”，两个轮子同时有效，只起一次作用）。其实，只要依据表7.1构造一个如表7.3所示的真值表即可。

表 7.1　27 根横杆和每根横杆上凸片的设置

	1	2	3	4	5	6
1	0	0	0	0	0	0
2	1	0	0	0	0	0
3	1	1	0	0	0	0
4	1	0	0	1	0	0
5	1	0	0	0	0	1
6	0	1	0	0	0	0
7	0	1	0	0	0	0
8	0	1	0	0	0	0
9	0	1	0	0	0	0
10	0	1	0	0	0	1
11	0	1	0	0	0	1
12	0	1	0	0	0	1
13	0	1	0	0	0	1
14	0	1	0	0	0	1
15	0	0	1	1	0	0
16	0	0	0	1	0	1
17	0	0	0	0	1	0
18	0	0	0	0	1	0
19	0	0	0	0	1	0
20	0	0	0	0	1	0
21	0	0	0	0	1	1
22	0	0	0	0	1	1
23	0	0	0	0	1	1
24	0	0	0	0	1	1
25	0	0	0	0	1	1
26	0	0	0	0	0	1
27	0	0	0	0	0	1

表 7.2　6 个圆盘上所有字母下销钉的位置

	1	2	3	4	5	6
1	0	0	1	0	1	0
2	0	1	0	1	1	0
3	1	1	0	1	1	1
4	1	0	1	0	0	0
5	1	1	1	1	0	0
6	1	0	1	1	1	1
7	0	0	1	0	0	1
8	1	0	1	0	1	1
9	0	1	1	0	0	0
10	1	0	0	1	1	1
11	1	0	1	0	0	0
12	0	1	0	0	0	1
13	0	1	0	1	1	1
14	0	0	0	0	0	0
15	1	0	1	1	1	1
16	1	1	0	1	0	1
17	0	0	1	0	0	0
18	0	1	0	1	0	0
19	1	1	1	0	1	0
20	0	0	1	1	1	1
21	1	1	0	1	1	0
22	0	0	1	0	1	0
23	0	0	0	1	0	1
24	1	0	1	1	0	1
25	1	1	0	0	1	1
26	1	0	0	1	0	0
27	0	1	1	1	1	1
28	0	1	1	0	0	0
29	1	0	1	0	1	1
30	1	1	1	0	0	1
31	1	0	1	1	0	0
32	1	0	1	0	1	1
33	0	0	0	0	0	1
34	1	1	1	1	1	0
35	0	0	0	0	0	0
…	…	…	…	…	…	…

注意：6 个圆盘的轮长分别为 26、25、23、21、19、17，各轮销钉在其轮长数后即反复。

表 7.3 真值表

000000=0	010000=10	100000=4	110000=13
000001=14	010001=19	100001=17	110001=21
000010= 9	010010=19	100010=13	110010=22
000011=18	010011=23	100011=21	110011=25
000100= 3	010100=13	100100= 6	110100=15
000101=16	010101=21	100101=18	110101=22
000110=12	010110=22	100110=15	110110=24
000111=20	010111=25	100111=22	110111=0
001000=1	011000=11	101000=5	111000=14
001001=15	011001=20	101001=18	111001=22
001010=10	011010=20	101010=14	111010=23
001011=19	011011=24	101011=22	111011= 0
001100= 3	011100=13	101100=6	111100=15
001101=16	011101=21	101101=18	111101=22
001110=12	011110=22	101110=15	111110=24
001111=20	011111=25	101111=22	111111=0

注：因为是模 26 运算，所以 0 可能是 0 或 26，1 可能是 1 或 27。

假设需要加密的消息为“the quick brown fox jumps over the lazy dog”，将单词间隔填充字母“z”，整理成大写为“THEZQUICKZBROWNZFOXZJUMPSZOVERZTHEZLAZYZDOG”。

用表 7.2 第 1 行“001010”作开始加密的基本销钉，此时选中杆数为 10（见表 7.3 真值表），由式（7-1）可知，25+10−19(T)≡16(Q) mod 26。依次类推，整理如下。

```
 1   001010  T  25+10-19(T)≡16(Q)  mod 26
 2   010110  H  25+22- 7(H)≡14(O)  mod 26
 3   110111  E  25+ 0- 4(E)≡21(V)  mod 26
 4   101000  Z  25+ 5-25(Z)≡ 5(F)  mod 26
 5   111100  Q  25+15-16(Q)≡24(Y)  mod 26
 6   101111  U  25+22-20(U)≡ 1(B)  mod 26
 7   001001  I  25+15- 8(I)≡ 6(G)  mod 26
 8   101011  C  25+22- 2(C)≡19(T)  mod 26
 9   011000  K  25+11-10(K)≡ 0(A)  mod 26
10   100111  Z  25+22-25(Z)≡22(W)  mod 26
11   101000  B  25+ 5- 1(B)≡ 3(D)  mod 26
12   010001  R  25+19-17(R)≡ 1(B)  mod 26
13   010111  O  25+25-14(O)≡10(K)  mod 26
```

```
14    000000  W  25+ 0-22(W)≡ 3(D)  mod 26
15    101111  N  25+22-13(N)≡ 8(I)  mod 26
16    110101  Z  25+22-25(Z)≡22(W)  mod 26
17    001000  F  25+ 1- 5(F)≡21(V)  mod 26
18    010100  O  25+13-14(O)≡24(Y)  mod 26
19    111010  X  25+23-23(X)≡25(Z)  mod 26
20    001111  Z  25+20-25(Z)≡20(U)  mod 26
21    110110  J  25+24- 9(J)≡14(O)  mod 26
22    001010  U  25+10-20(U)≡15(P)  mod 26
23    000101  M  25+16-12(M)≡ 3(D)  mod 26
24    101101  P  25+18-15(P)≡ 2(C)  mod 26
25    110011  S  25+25-18(S)≡ 6(G)  mod 26
26    100100  Z  25+ 6-25(Z)≡ 6(G)  mod 26
27    011111  O  25+25-14(O)≡10(K)  mod 26
28    011000  V  25+11-21(V)≡15(P)  mod 26
29    101011  E  25+22- 4(E)≡17(R)  mod 26
30    111001  R  25+22-17(R)≡ 4(E)  mod 26
31    101100  Z  25+ 6-26(Z)≡ 6(G)  mod 26
32    101011  T  25+22-19(T)≡ 2(C)  mod 26
33    000001  H  25+14- 7(H)≡ 6(G)  mod 26
34    111110  E  25+24- 4(E)≡19(T)  mod 26
35    000000  Z  25+ 0-25(Z)≡ 0(A)  mod 26
……
```

如此，加密结果为“QOVFYBGTAWDBKDIWVYZUOPDCGGKPREGCGTA…”，不太好看，整理为“QOVFY BGTAW DBKDI WVYZU OPDCG GKPRE GCGTA…”。

7.2.3　M-209 密码机破译

M-209 密码机的破译任务就是求解出鼓状滚筒的 27 根横杆上凸片的位置（即表 7.1）和 6 个圆盘上字母对应销钉的位置（即表 7.2）。表 7.1 又可转化为表 7.3 所示的真值表（也称为乱数值）。6 个圆盘轮上的字符为 0 或 1，因此，每行共有 2^6=64 种状态，只要求出表 7.2 的 6 个圆盘的销钉，以及 64 种状态的乱数值，即可破译密报。

根据公开报道，M-209 密码机的破译基本方法有三种：一是已知较长明/密文，大约 500

码左右；二是已知较短的明/密文，60～80 码；三是仅知密文。本节仅介绍第二种情况的破译方法。

7.2.3.1 已知明/密文

明文：THEZQ UICKZ BROWN ZFOXZ JUMPS ZOVER ZTHEZ LAZYZ DOGZT HEZQU
密文：CPIAG CTLOF PXLQB HRAXM FDGNQ XXCGB LQGUP PHEBA IUIOV EWHMR
明文：ICKZB ROWNZ FOXZJ UMPSZ OVERZ THEZL AZYZD OGZTH EZQUI CKZBR
密文：OWMHN XJRXW DEOUF RTDGW XUNGH NNLXP TOHOS GIMUS UMYWS UDZKP

7.2.3.2 求乱数值

因为

$$25+乱数-明文=密文 \quad \mathrm{mod}\ 26$$

所以

$$乱数=密文+明文-25 \quad \mathrm{mod}\ 26$$

例如，第 1 个明文为 T，密文为 C，乱数=19(T)+2(C)–25=21–25=21–25+26=22。

由此，求出的 100 个乱数如下。

22	23	13	0	23	23	2	14	25	5	**17**	15	0	13	15	7	23	15	21	12
15	24	19	3	9	23	12	24	11	19	11	10	14	25	15	1	7	4	0	0
12	9	15	14	15	12	1	7	3	12	23	25	23	7	15	15	24	14	11	22
9	19	12	20	15	12	6	19	25	22	12	16	18	24	7	7	21	16	23	1
19	14	6	14	22	21	15	12	14	0	25	12	15	17	1	23	14	25	12	7

7.2.3.3 将乱数分别按 6 个圆盘的周期（轮长）进行反复并统计

计算均值时，乱数 0、1 不参与计算，因为 0 可能是 0 或 26，1 可能是 1 或 27，如下所示。乱数 0 或 1 均标有*号。

（1）1 轮 26 反复。

序号	0	1	2	3	4	5	6	7	8	9	10	11	12	13	14	15	16	17	18	19	20	21	22	23	24	25
乱数	22	23	13	0*	23	23	2	14	25	5	17	15	0*	13	15	7	23	15	21	12	15	24	19	3	9	23
乱数	12	24	11	19	11	10	14	25	15	1*	7	4	0*	0*	12	9	15	14	15	12	1*	7	3	12	23	25
乱数	23	7	15	15	24	14	11	22	9	19	12	20	15	12	6	19	25	22	12	16	18	24	7	7	21	16
乱数	23	1*	19	14	6	14	22	21	15	12	14	0*	25	12	15	17	1*	23	14	25	12	7				
均值	20	18	15	16	16	15	12	21	16	12	13	13	20	12	12	13	21	19	16	16	15	16	10	7	18	21

（2）2 轮 25 反复。

序号	0	1	2	3	4	5	6	7	8	9	10	11	12	13	14	15	16	17	18	19	20	21	22	23	24
乱数	22	23	13	0*	23	23	2	14	25	5	17	15	0*	13	15	7	23	15	21	12	15	24	19	3	9
乱数	23	12	24	11	19	11	10	14	25	15	1*	7	4	0*	0*	12	9	15	14	15	12	1*	7	3	12
乱数	23	25	23	7	15	15	24	14	11	22	9	19	12	20	15	12	6	19	25	22	12	16	18	24	7
乱数	7	21	16	23	1*	19	14	6	14	22	21	15	12	14	0*	25	12	15	17	1*	23	14	25	12	7
均值	19	20	19	14	19	17	13	12	19	16	16	14	9	16	15	14	13	16	19	16	16	18	17	11	9

（3）3 轮 23 反复。

序号	0	1	2	3	4	5	6	7	8	9	10	11	12	13	14	15	16	17	18	19	20	21	22
乱数	22	23	13	0*	23	23	2	14	25	5	17	15	0*	13	15	7	23	15	21	12	15	24	19
乱数	3	9	23	12	24	11	19	11	10	14	25	15	1*	7	4	0*	0*	12	9	15	14	15	12
乱数	1*	7	3	12	23	25	23	7	15	15	24	14	11	22	9	19	12	20	15	12	6	19	25
乱数	22	12	16	18	24	7	7	21	16	23	1*	19	14	6	14	22	21	15	12	14	0*	25	12
乱数	15	17	1*	23	14	25	12	7															
均值	16	14	14	16	22	18	13	12	17	14	22	16	13	12	11	16	19	16	14	13	12	21	17

（4）4 轮 21 反复。

序号	0	1	2	3	4	5	6	7	8	9	10	11	12	13	14	15	16	17	18	19	20
乱数	22	23	13	0*	23	23	2	14	25	5	17	15	0*	13	15	7	23	15	21	12	15
乱数	24	19	3	9	23	12	24	11	19	11	10	14	25	15	1*	7	4	0*	0*	12	9
乱数	15	14	15	12	1*	7	3	12	23	25	23	7	15	15	24	14	11	22	9	19	12
乱数	20	15	12	6	19	25	22	12	16	18	24	7	7	21	16	23	1*	19	14	6	14
乱数	22	21	15	12	14	0*	25	12	15	17	1*	23	14	25	12	7					
均值	21	18	12	10	20	17	15	12	20	15	19	13	15	18	17	12	13	19	15	12	13

（5）5 轮 19 反复

序号	0	1	2	3	4	5	6	7	8	9	10	11	12	13	14	15	16	17	18
乱数	22	23	13	0*	23	23	2	14	25	5	17	15	0*	13	15	7	23	15	21
乱数	12	15	24	19	3	9	23	12	24	11	19	11	10	14	25	15	1*	7	4
乱数	0*	0*	12	9	15	14	15	12	1*	7	3	12	23	25	23	7	15	15	24
乱数	14	11	22	9	19	12	20	15	12	6	19	25	22	12	16	18	24	7	7
乱数	21	16	23	1*	19	14	6	14	22	21	15	12	14	0*	25	12	15	17	1*
乱数	23	14	25	12	7														
均值	18	16	20	12	14	14	13	13	21	10	15	15	17	16	21	12	19	12	14

（6）6轮17反复。

序号	0	1	2	3	4	5	6	7	8	9	10	11	12	13	14	15	16
乱数	22	23	13	0*	23	23	2	14	25	5	17	15	0*	13	15	7	23
乱数	15	21	12	15	24	19	3	9	23	12	24	11	19	11	10	14	25
乱数	15	1*	7	4	0*	0*	12	9	15	14	15	12	1*	7	3	12	23
乱数	25	23	7	15	15	24	14	11	22	9	19	12	20	15	12	6	19
乱数	25	22	12	16	18	24	7	7	21	16	23	1*	19	14	6	14	22
乱数	21	15	12	14	0*	25	12	15	17	1*	23	14	25	12	7		
均值	21	21	11	13	20	23	8	11	21	11	20	13	21	12	9	11	22

（7）统计各轮均值分布。

	3	4	5	6	7	8	9	10	11	12	13	14	15	16	17	18	19	20	21	22	23	24	25
1轮					1			1		4	3		3	6		2	1	2	3				

	3	4	5	6	7	8	9	10	11	12	13	14	15	16	17	18	19	20	21	22	23	24	25
2轮							2		1	1	2	3	1	6	2	1	5	1					

	3	4	5	6	7	8	9	10	11	12	13	14	15	16	17	18	19	20	21	22	23	24	25
3轮									1	3	3	4		5	2	1	1		1	2			

	3	4	5	6	7	8	9	10	11	12	13	14	15	16	17	18	19	20	21	22	23	24	25
4轮								1		4	3		4		2	2	2	2	1				

	3	4	5	6	7	8	9	10	11	12	13	14	15	16	17	18	19	20	21	22	23	24	25
5轮								1		3	2	3	2	2	1	1	1	1	2				

	3	4	5	6	7	8	9	10	11	12	13	14	15	16	17	18	19	20	21	22	23	24	25
6轮						1	1		4	1	2							2	4	1	1		

7.2.3.4 求6轮的销钉

从统计上看，1、2、3、4、5轮的峰值不太明显，而6轮的两个峰值区间明显。数值高的，可理解为6轮起作用，标记为1；数值低的，可理解为6轮不起作用，标记为0。据此，可求出6轮的销钉（均值≥20的位置销钉为1，均值≤13的位置销钉为0）。

	0	1	2	3	4	5	6	7	8	9	10	11	12	13	14	15	16
平均数	21	21	11	13	20	23	8	11	21	11	20	13	21	12	9	11	22
销钉	1	1	0	0	1	1	0	0	1	0	1	0	1	0	0	0	1

7.2.3.5 求 5 轮的销钉

将 100 个乱数与 6 轮的销钉一并观察，如下所示。

乱数值	22	23	13	0	23	23	2	14	25	5	17	15	26	13	15	7	23	15	21	12
销钉	1	1	0	0	1	1	0	0	1	0	1	0	1	0	0	0	1	1	1	0

乱数值	15	24	19	3	9	23	12	24	11	19	11	10	14	25	15	27	7	4	26	26
销钉	0	1	1	0	0	1	0	1	0	1	0	0	0	1	1	1	0	0	1	1

乱数值	12	9	15	14	15	12	27	7	3	12	23	25	23	7	15	15	24	14	11	22
销钉	0	0	1	0	1	0	1	0	0	0	1	1	1	0	0	1	1	0	0	1

乱数值	9	19	12	20	15	12	6	19	25	22	12	16	18	24	7	7	21	16	23	1
销钉	0	1	0	1	0	0	0	1	1	1	0	0	1	1	0	0	1	0	1	0

乱数值	19	14	6	14	22	21	15	12	14	26	25	12	15	17	1	23	14	25	12	7
销钉	1	0	0	0	1	1	1	0	0	1	1	0	0	1	0	1	0	1	0	0

6 轮销钉的值（即 0 或 1）确定后，乱数中的值就可以确定了。6 轮销钉为 0 时，乱数 0 对应 0，乱数 1 对应 1；6 轮销钉为 1 时，乱数 0 对应 26，乱数 1 对应 27（上表中已进行了调整和标注）。将上述“6 轮 17 反复”表进行调整，即将 6 轮销钉对应的值填入下表中。

1	1	0	0	1	1	0	0	1	0	1	0	1	0	0	0	1
22	23	13	0	23	23	2	14	25	5	17	15	26	13	15	7	23
15	21	12	15	24	19	3	9	23	12	24	11	19	11	10	14	25
15	27	7	4	26	26	12	9	15	14	15	12	27	7	3	12	23
25	23	7	15	15	24	14	11	22	9	19	12	20	15	12	6	19
25	22	12	16	18	24	7	7	21	16	23	1	19	14	6	14	22
21	15	12	14	26	25	12	15	17	1	23	14	25	12	7		

按上表将 6 轮销钉为 0 和 1 对应的乱数集中，可得：

0	0	0	0	0	0	0	0	0
13	0	2	14	5	15	13	15	7
12	15	3	9	12	11	11	10	14
7	4	12	9	14	12	7	3	12
7	15	14	11	9	12	15	12	6
12	16	7	7	16	1	14	6	14
12	14	12	15	1	14	12	7	

1	1	1	1	1	1	1	1
22	23	23	23	25	17	26	23
15	21	24	19	23	24	19	25
15	27	26	26	15	15	27	23
25	23	15	24	22	19	20	19
25	22	18	24	21	23	19	22
21	15	26	25	17	23	25	

显然，销钉无效（0）对应的乱数都较小；销钉有效（1）对应的乱数都较大，且 1 对应的乱数最小值是 15。不妨认为 6 轮的凸片数为 15。将 6 轮有效位的乱数减去 15，以达到消除 6 轮的影响。按照新的乱数，进行 19 反复，观察 5 轮的表现，如下所示。

分位	0	1	2	3	4	5	6	7	8	9	10	11	12	13	14	15	16	17	18
乱数	7	8	13	0	8	8	2	14	10	5	2	15	11	13	15	7	8	0	6
乱数	12	15	9	4	3	9	8	12	9	11	4	11	10	14	10	0	12	7	4
乱数	11	11	12	9	0	14	0	12	12	7	3	12	8	10	8	7	15	0	9
乱数	14	11	7	9	4	12	5	15	12	6	4	10	7	12	16	3	9	7	7
乱数	6	16	8	1	4	14	6	14	7	6	0	12	14	11	10	12	15	2	1
乱数	8	14	10	12	7														
均值	10	13	10	6	4	11	4	13	10	7	3	12	10	12	12	6	12	3	5

继续统计均值，可得：

	2	3	4	5	6	7	8	9	10	11	12	13	14	15
5 轮		2	2	1	2	1			4	1	4	2		

从统计上看，两个峰值区间较为明显。10、11、12 和 13 应理解为 5 轮起作用，标记为 1；3、4、5、6 和 7 应理解为 5 轮不起作用，标记为 0。据此，可求出 5 轮的销钉（均值≥10 的位置销钉为 1，均值≤7 的位置销钉为 0）：

	0	1	2	3	4	5	6	7	8	9	10	11	12	13	14	15	16	17	18
平均数	10	13	10	6	4	11	4	13	10	7	3	12	10	12	12	6	12	3	5
销钉	1	1	1	0	0	1	0	1	1	0	0	1	1	1	1	0	1	0	0

同样，应该将消除 6 轮影响后的乱数再分别按 4 轮、3 轮、2 轮和 1 轮的长度进行反复，观察有无两个峰值区间。出于篇幅考虑，此处不一一列举，只将有峰值区间的 5 轮列出观察。

7.2.3.6　求 4 轮的销钉

同样，按照 5 轮、6 轮销钉为 0、1 的状况与乱数进行对应，可得：

乱数	22	23	13	0	23	23	2	14	25	5	17	15	26	13	15	7	23	15	21	12
5 轮	1	1	1	0	0	1	0	1	1	0	0	1	1	1	1	0	1	0	0	1
6 轮	1	1	0	0	1	1	0	0	1	0	1	0	1	0	0	0	1	1	1	0

乱数	15	24	19	3	9	23	12	24	11	19	11	10	14	25	15	27	7	4	26	26
5 轮	1	1	0	0	1	0	1	1	0	0	1	1	1	1	0	1	0	0	1	1
6 轮	0	1	1	0	0	1	0	1	0	1	0	0	0	1	1	1	0	0	1	1

乱数	12	9	15	14	15	12	27	7	3	12	23	25	23	7	15	15	24	14	11	22
5 轮	1	0	0	1	0	1	1	0	0	1	1	1	1	0	1	0	0	1	1	1
6 轮	0	0	1	0	1	0	1	0	0	0	1	1	1	0	0	1	1	0	0	1

乱数	9	19	12	20	15	12	6	19	25	22	12	16	18	24	7	7	21	16	23	1
5 轮	0	0	1	0	1	1	0	0	1	1	1	1	0	1	0	0	1	1	1	0
6 轮	0	1	0	1	0	0	0	1	1	1	0	0	1	1	0	0	1	0	1	0

乱数	19	14	6	14	22	21	15	12	14	26	25	12	15	17	1	23	14	25	12	7
5 轮	0	1	0	1	1	0	0	1	1	1	1	0	1	0	0	1	1	1	0	0
6 轮	1	0	0	0	1	1	1	0	0	1	1	0	0	1	0	1	0	1	0	0

按 5 轮、6 轮的销钉为 00、01、10、11 四种情况集中观察乱数如下所示。

5 轮	6 轮	乱数值																		
0	0	0	2	5	7	3	11	7	4	9	7	3	7	9	6	7	7	1	6	12
		1	12	7																
0	1	23	17	15	21	19	23	19	15	15	15	15	24	19	20	19	18	19	21	15
		17																		
1	0	13	14	15	13	15	12	15	9	12	11	10	14	12	14	12	12	15	14	11
		12	15	12	12	16	16	14	14	12	14	15	14							
1	1	22	23	23	25	26	23	24	24	25	27	26	26	27	23	25	23	22	25	22
		24	21	23	22	26	25	23	25											

当 5 轮、6 轮的销钉为 00 时，即 5、6 轮都不起作用，乱数值在 12（含 12）以下。

当 5 轮、6 轮的销钉为 01 时，即 5 轮不起作用而 6 轮起作用，乱数值在 15（含 15）以上，此时减去 15 就可以消除 6 轮的影响。

当 5 轮、6 轮的销钉为 10 时，即 5 轮起作用而 6 轮不起作用，乱数值在 9（含 9）以上，此时减去 9 就可以消除 5 轮的影响。

当 5 轮、6 轮的销钉为 11 时，即 5、6 轮都起作用，乱数值在 21（含 21）以上，此时减去 21 就可以消除 5 轮、6 轮同时作用的影响。

将消除了 5 轮、6 轮影响的乱数按 4 轮 21 进行反复：

分位	0	1	2	3	4	5	6	7	8	9	10	11	12	13	14	15	16	17	18	19	20
乱数	1	2	4	0	8	2	2	5	4	5	2	6	5	4	6	7	2	0	6	3	6
乱数	3	4	3	0	8	3	3	11	4	2	1	5	4	0	6	7	4	5	5	3	9
乱数	0	5	0	3	6	7	3	3	2	4	2	7	6	0	9	5	2	1	9	4	3
乱数	5	6	3	6	4	4	1	3	7	3	3	7	7	0	7	2	1	4	5	6	5
乱数	1	6	0	3	5	5	4	12	6	2	1	2	5	4	12	7					
均值	2	5	2	2	6	4	3	7	5	3	2	5	5	2	8	6	2	3	6	4	6

统计乱数均值，可得：

	1	2	3	4	5	6	7	8
4 轮		6	3	2	4	4	1	1

从统计上看，两个峰值区间不明显。5、6、7 和 8 应理解为 4 轮起作用，标记为 1；2 和 3 应理解为 4 轮不起作用，标记为 0；4 暂时不好确定，标记为?。据此，可求出 4 轮有关销钉，如下所示。

	0	1	2	3	4	5	6	7	8	9	10	11	12	13	14	15	16	17	18	19	20
平均数	2	5	2	2	6	4	3	7	5	3	2	5	5	2	8	6	2	3	6	4	6
销钉	0	1	0	0	1	?	0	1	1	0	0	1	1	0	1	1	0	0	1	?	1

7.2.3.7 求 1 轮的销钉

按 4 轮、5 轮、6 轮的销钉为 0、1 状况与乱数进行对应，可得：

乱数	22	23	13	0	23	23	2	14	25	5	17	15	26	13	15	7	23	15	21	12
4 轮	0	1	0	0	1	?	0	1	1	0	0	1	1	0	1	1	0	0	1	?
5 轮	1	1	1	0	0	1	0	1	1	0	0	1	1	1	1	0	1	0	0	1
6 轮	1	1	0	0	1	1	0	0	1	0	1	0	1	0	0	0	1	1	1	0

乱数	15	24	19	3	9	23	12	24	11	19	11	10	14	25	15	27	7	4	26	26
4 轮	1	0	1	0	0	1	?	0	1	1	0	0	1	1	0	1	1	0	0	1
5 轮	1	1	0	0	1	0	1	1	0	0	1	1	1	1	0	1	0	0	1	1
6 轮	0	1	1	0	0	1	0	1	0	1	0	0	0	1	1	1	0	0	1	1

乱数	12	9	15	14	15	12	27	7	3	12	23	25	23	7	15	15	24	14	11	22
4 轮	?	1	0	1	0	0	1	?	0	1	1	0	0	1	1	0	1	1	0	0
5 轮	1	0	0	1	0	1	1	0	0	1	1	1	1	0	1	0	0	1	1	1
6 轮	0	0	1	0	1	0	1	0	0	0	1	1	1	0	0	1	1	0	0	1

乱数	9	19	12	20	15	12	6	19	25	22	12	16	18	24	7	7	21	16	23	1
4 轮	1	?	1	0	1	0	0	1	?	0	1	1	0	0	1	1	0	1	1	0
5 轮	0	0	1	0	1	1	0	0	1	1	1	1	0	1	0	0	1	1	1	0
6 轮	0	1	0	1	0	0	0	1	1	1	0	0	1	1	0	0	1	0	1	0

乱数	19	14	6	14	22	21	15	12	14	26	25	12	15	17	1	23	14	25	12	7
4 轮	0	1	?	1	0	1	0	0	1	?	0	1	1	0	0	1	1	0	1	1
5 轮	0	1	0	1	1	0	0	1	1	1	1	0	1	0	0	1	1	1	0	0
6 轮	1	0	0	0	1	1	1	0	0	1	1	0	0	1	0	1	0	1	0	0

按 4 轮、5 轮、6 轮的销钉为 000、001、010、011、100、101、110 和 111 八种情况集中观察乱数值（上面标记为?的不统计）：

4 轮	5 轮	6 轮	乱数值																		
0	0	0	0	2	5	3	4	3	6	1	1										
0	0	1	17	15	15	15	15	15	20	18	19	15	17								
0	1	0	13	13	9	11	10	12	11	12	12										
0	1	1	22	23	24	24	26	25	23	22	22	24	21	22	25	25					
1	0	0	7	1	7	9	7	9	7	7	12	12	7								
1	0	1	23	21	19	23	19	24	19	21											
1	1	0	14	15	15	15	14	14	12	15	14	12	15	12	16	16	14	14	14	15	14
1	1	1	23	25	26	25	27	26	27	23	23	23									

当 4 轮、5 轮、6 轮的销钉为 000 时，即 4 轮、5 轮、6 轮都不起作用，乱数值在 6（含 6）以下。

当 4 轮、5 轮、6 轮的销钉为 001 时，即 4 轮、5 轮不起作用，6 轮起作用，乱数值在 15（含 15）以上，此时减去 15 就可以消除 6 轮的影响。

当 4 轮、5 轮、6 轮的销钉为 010 时，即 4 轮、6 轮不起作用，5 轮起作用，乱数值在 9（含 9）以上，此时减去 9 就可以消除 5 轮的影响。

当 4 轮、5 轮、6 轮的销钉为 011 时，即 4 轮不起作用，5 轮、6 轮起作用，乱数值在 21（含 21）以上，此时减去 21 就可以消除 5 轮、6 轮的影响。

当 4 轮、5 轮、6 轮的销钉为 100 时，即 5 轮、6 轮不起作用，4 轮起作用，乱数值在 7（含 7）以上，此时减去 7 就可以消除 4 轮的影响。

当 4 轮、5 轮、6 轮的销钉为 101 时，即 5 轮不起作用，4 轮、6 轮起作用，乱数值在 19（含 19）以上，此时减去 19 就可以消除 4 轮、6 轮的影响。

当 4 轮、5 轮、6 轮的销钉为 110 时，即 6 轮不起作用，4 轮、5 轮起作用，乱数值在 12（含 12）以上，此时减去 12 就可以消除 4 轮、5 轮的影响。

当 4 轮、5 轮、6 轮的销钉为 111 时，即 4 轮、5 轮、6 轮都起作用，乱数值在 23（含 23）以上，此时减去 23 就可以消除 4 轮、5 轮、6 轮的影响。

将消除 4 轮、5 轮、6 轮影响的乱数按 3 轮、2 轮、1 轮的 23、25、26 进行反复，可得：

1 轮 26 反复如下。

序号	0	1	2	3	4	5	6	7	8	9	10	11	12	13	14	15	16	17	18	19	20	21	22	23	24	25
乱数	1	0	4	0	4	?	2	2	2	5	2	3	3	4	3	0	2	0	2	?	3	3	0	3	0	4
乱数	?	3	4	0	2	1	2	2	0	4	0	4	5	3	?	2	0	2	0	3	4	?	3	0	0	4
乱数	2	0	3	0	5	2	2	1	2	?	0	5	3	3	6	0	?	1	0	4	3	3	0	0	0	4
乱数	0	1	4	2	?	2	1	2	0	3	2	?	4	5	3	2	1	0	2	4	5	0				
均值	1	1	4	1	4	2	2	2	1	4	1	4	4	4	4	1	1	1	1	4	4	2	1	1	0	4

2 轮 25 反复如下。

分位	0	1	2	3	4	5	6	7	8	9	10	11	12	13	14	15	16	17	18	19	20	21	22	23	24
乱数	1	0	4	0	4	?	2	2	2	5	2	3	3	4	3	0	2	0	2	?	3	3	0	3	0
乱数	4	?	3	4	0	2	1	2	2	0	4	0	4	5	3	?	2	0	2	0	3	4	?	3	0
乱数	0	4	2	0	3	0	5	2	2	1	2	?	0	5	3	3	6	0	?	1	0	4	3	3	0
乱数	0	0	4	0	1	4	2	?	2	1	2	0	3	2	?	4	5	3	2	1	0	2	4	5	0
均值	1	1	3	1	2	2	3	2	2	2	3	1	3	4	3	2	4	1	2	1	2	3	2	4	0

3 轮 23 反复如下。

序号	0	1	2	3	4	5	6	7	8	9	10	11	12	13	14	15	16	17	18	19	20	21	22
乱数	1	0	4	0	4	?	2	2	2	5	2	3	3	4	3	0	2	0	2	?	3	3	0
乱数	3	0	4	?	3	4	0	2	1	2	2	0	4	0	4	5	3	?	2	0	2	0	3
乱数	4	?	3	0	0	4	2	0	3	0	5	2	2	1	2	?	0	5	3	3	6	0	?
乱数	1	0	4	3	3	0	0	0	4	0	1	4	2	?	2	1	2	0	3	2	?	4	5
乱数	3	2	1	0	2	4	5	0															
均值	2	1	3	1	2	3	2	1	3	2	3	2	3	2	3	2	2	2	3	2	4	2	3

统计 1 轮、2 轮、3 轮乱数均值分布，如下所示。

	0	1	2	3	4	5
1 轮	1	11	4		10	

	0	1	2	3	4	5
2 轮	1	6	9	6	3	

	0	1	2	3	4	5
3 轮		3	11	8	1	

从统计上看，2 轮、3 轮峰值区间不明显，1 轮有两个峰值。数值为 4 的，应理解为 1 轮起作用，标记为 1；数值为 0、1、2 的，应理解为 1 轮不起作用，标记为 0。据此，可求出 1 轮的销钉，如下所示。

	0	1	2	3	4	5	6	7	8	9	10	11	12	13	14	15	16	17	18	19	20	21	22	23	24	25
平均数	1	1	4	1	4	2	2	2	1	4	1	4	4	4	4	1	1	1	1	4	4	2	1	1	0	4
销钉	0	0	1	0	1	0	0	0	0	1	0	1	1	1	1	0	0	0	0	1	1	0	0	0	0	1

7.2.3.8　求 2 轮的销钉

按照 1 轮、4 轮、5 轮、6 轮的销钉为 0、1 状况与乱数进行对应，可得：

乱数	22	23	13	0	23	23	2	14	25	5	17	15	26	13	15	7	23	15	21	12
1 轮	0	0	1	0	1	0	0	0	0	1	0	1	1	1	1	0	0	0	0	1
4 轮	0	1	0	0	1	*	0	1	1	0	0	1	1	0	1	1	0	0	1	?
5 轮	1	1	1	0	0	1	0	1	1	0	0	1	1	1	1	0	1	0	0	1
6 轮	1	1	0	0	1	1	0	0	1	0	1	0	1	0	0	0	1	1	1	0

乱数	15	24	19	3	9	23	12	24	11	19	11	10	14	25	15	27	7	4	26	26
1 轮	1	0	0	0	0	1	0	0	1	0	1	0	0	0	0	1	0	1	1	1
4 轮	1	0	1	0	0	1	*	0	1	1	0	0	1	1	0	1	1	0	0	1
5 轮	1	1	0	0	1	0	1	1	0	0	1	1	1	1	0	1	0	0	1	1
6 轮	0	1	1	0	0	1	0	1	0	1	0	0	0	1	1	1	0	0	1	1

乱数	12	9	15	14	15	12	27	7	3	12	23	25	23	7	15	15	24	14	11	22
1 轮	1	0	0	0	0	1	1	0	0	0	0	1	0	0	1	0	1	0	0	0
4 轮	?	1	0	1	0	0	1	*	0	1	1	0	0	1	1	0	1	1	0	0
5 轮	1	0	0	1	0	1	1	0	0	1	1	1	1	0	1	0	0	1	1	1
6 轮	0	0	1	0	1	0	1	0	0	0	1	1	1	0	0	1	1	0	0	1

乱数	9	19	12	20	15	12	6	19	25	22	12	16	18	24	7	7	21	16	23	1
1 轮	0	1	0	1	1	1	1	0	0	0	0	1	1	0	0	0	0	1	0	0
4 轮	1	?	1	0	1	0	0	1	*	0	1	1	0	0	1	1	0	1	1	0
5 轮	0	0	1	0	1	1	0	0	1	1	1	1	0	1	0	0	1	1	1	0
6 轮	0	1	0	1	0	0	0	1	1	1	0	0	1	1	0	0	1	0	1	0

乱数	19	14	6	14	22	21	15	12	14	26	25	12	15	17	1	23	14	25	12	7
1 轮	1	0	1	0	0	0	0	1	0	1	1	1	1	0	0	0	0	1	1	0
4 轮	0	1	?	1	0	1	0	0	1	*	0	1	1	0	0	1	1	0	1	1
5 轮	0	1	0	1	1	0	0	1	1	1	1	0	1	0	0	1	1	1	0	0
6 轮	1	0	0	0	1	1	1	0	0	1	1	0	0	1	0	1	0	1	0	0

按 1 轮、4 轮、5 轮、6 轮的销钉为 0、1 状态集中观察乱数值（上面标记为*和?的不统计），可得：

1 轮	4 轮	5 轮	6 轮	乱数值										
0	0	0	0	0	2	3	3	0	1					
0	0	0	1	17	15	15	15	15	15	15	17			
0	0	1	0	9	10	11								
0	0	1	1	22	23	24	24	23	22	22	24	21	22	
0	1	0	0	7	7	9	7	9	7	7	7			
0	1	0	1	21	19	19	19	21						
0	1	1	0	14	14	14	12	14	12	12	14	14	14	14
0	1	1	1	23	25	25	23	23	23					
1	0	0	0	5	4	6								
1	0	0	1	20	18	19								
1	0	1	0	13	13	11	12	12	12					
1	0	1	1	26	25	25	25							
1	1	0	0	11	12	12								
1	1	0	1	23	23	24								
1	1	1	0	15	15	15	15	15	16	16	15			
1	1	1	1	26	27	26	27							

同样，要消除 1 轮、4 轮、5 轮、6 轮的影响，各状态减去值如下所示。

销钉的 0、1 状态	需要减去的值	销钉的 0、1 状态	需要减去的值
0000	0	0001	15
0010	9	0011	21
0100	7	0101	19
0110	12	0111	23
1000	4	1001	18
1010	11	1011	25
1100	11	1101	23
1110	15	1111	26

在 1 轮、4 轮、5 轮、6 轮中，4 轮还有两个销钉的 0、1 没有确定，它们在 1 轮、4 轮、5 轮、6 轮中的乱数值与 0、1 状态的对应关系如下。

乱数值	销钉的 0、1 状态	乱数值	销钉的 0、1 状态
23	0*11	12	1?10
12	0*10	12	1?10
7	0*00	19	1?01
25	0*11	6	1?00
26	1*11		

这两个销钉相互无关，故一个用*表示，另一个用?表示。与上面的 0000 相比较，若*=0，则状态 0000 需要减去的值为 7，上面的 0000 不可能再等于 0、1、2、3，因此可得出*1=1；

与上面的 1101 相比较，若?=1，则状态 1101 需要减去的值为 6，上面的 1101 不可能再等于 23 或 24，因为 6 轮已知销钉数是 8，因此可得出？=0。

求出的 4 轮所有的销钉如下所示。

	0	1	2	3	4	5	6	7	8	9	10	11	12	13	14	15	16	17	18	19	20
销钉	0	1	0	0	1	1	0	1	1	0	0	1	1	0	1	1	0	0	1	0	1

将消除 1 轮、4 轮、5 轮、6 轮影响的乱数按 2 轮、3 轮的 25、23 进行反复，如下所示。

2 轮 25 反复。

分位	0	1	2	3	4	5	6	7	8	9	10	11	12	13	14	15	16	17	18	19	20	21	22	23	24
乱数	1	0	2	0	0	0	2	2	2	1	2	0	0	2	0	0	2	0	2	1	0	3	0	3	0
乱数	0	0	3	0	0	0	1	2	2	0	1	0	0	1	0	1	2	0	2	0	1	1	0	3	0
乱数	0	0	2	0	0	0	1	2	2	1	2	1	0	2	0	1	2	0	2	1	0	1	0	3	0
乱数	0	0	1	0	1	1	2	2	2	1	2	0	1	2	0	0	1	0	2	1	0	2	0	1	0
均值	0	0	2	0	0	0	2	2	2	1	2	0	0	2	0	1	2	0	2	1	0	2	0	3	0

3 轮 23 反复。

分位	0	1	2	3	4	5	6	7	8	9	10	11	12	13	14	15	16	17	18	19	20	21	22
乱数	1	0	2	0	0	0	2	2	2	1	2	0	0	2	0	0	2	0	2	1	0	3	0
乱数	3	0	0	0	3	0	0	0	1	2	2	0	1	0	0	1	0	1	2	0	2	0	1
乱数	1	0	3	0	0	0	2	0	0	0	1	2	2	1	2	1	0	2	0	1	2	0	2
乱数	1	0	1	0	3	0	0	0	1	0	1	1	2	2	2	1	2	0	1	2	0	0	1
乱数	0	2	1	0	2	0	1	0															
均值	1	0	1	0	2	0	1	0	1	1	2	1	1	1	1	1	1	1	1	1	1	1	1

统计 2 轮、3 轮均值的分布，如下所示。

	0	1	2	3
2 轮	12	3	9	1

	0	1	2	3
3 轮	4	17	2	

从统计上看，3 轮峰值区间不明显，2 轮有两个峰值。可以认为数值为 2、3 的，应理解为 2 轮起作用，标记为 1；数值为 0、1 的，应理解为 2 轮不起作用，标记为 0。据此求出的 2 轮销钉如下所示。

	0	1	2	3	4	5	6	7	8	9	10	11	12	13	14	15	16	17	18	19	20	21	22	23	24
平均数	0	0	2	0	0	0	2	2	2	1	2	0	0	2	0	1	2	0	2	1	0	2	0	3	0
销钉	0	0	1	0	0	0	1	1	1	0	1	0	0	1	0	0	1	0	1	0	0	1	0	1	0

7.2.3.9　求 3 轮的销钉

按照 1 轮、2 轮、4 轮、5 轮、6 轮的销钉为 0、1 状况与乱数进行对应，可得：

乱数	22	23	13	0	23	23	2	14	25	5	17	15	26	13	15	7	23	15	21	12
1 轮	0	0	1	0	1	0	0	0	0	1	0	1	1	1	1	0	0	0	0	1
2 轮	0	0	1	0	0	0	1	1	1	0	1	0	0	1	0	0	1	0	1	0
4 轮	0	1	0	0	1	1	0	1	1	0	0	1	1	0	1	1	0	0	1	0
5 轮	1	1	1	0	0	1	0	1	1	0	0	1	1	1	1	0	1	0	0	1
6 轮	1	1	0	0	1	1	0	0	1	0	1	0	1	0	0	0	1	1	1	0

乱数	15	24	19	3	9	23	12	24	11	19	11	10	14	25	15	27	7	4	26	26
1 轮	1	0	0	0	0	1	0	0	1	0	1	0	0	0	0	1	0	1	1	1
2 轮	0	1	0	1	0	0	0	1	0	0	0	1	1	1	0	1	0	0	1	0
4 轮	1	0	1	0	0	1	1	0	1	1	0	0	1	1	0	1	1	0	0	1
5 轮	1	1	0	0	1	0	1	1	0	0	1	1	1	1	0	1	0	0	1	1
6 轮	0	1	1	0	0	1	0	1	0	1	0	0	0	1	1	1	0	0	1	1

乱数	12	9	15	14	15	12	27	7	3	12	23	25	23	7	15	15	24	14	11	22
1 轮	1	0	0	0	0	1	1	0	0	0	0	1	0	0	1	0	1	0	0	0
2 轮	0	1	0	1	0	0	1	0	1	0	0	0	1	0	0	0	1	1	1	0
4 轮	0	1	0	1	0	0	1	1	0	1	1	0	0	1	1	0	1	1	0	0
5 轮	1	0	0	1	0	1	1	0	0	1	1	1	1	0	1	0	0	1	1	1
6 轮	0	0	1	0	1	0	1	0	0	0	1	1	1	0	0	1	1	0	0	1

乱数	9	19	12	20	15	12	6	19	25	22	12	16	18	24	7	7	21	16	23	1
1 轮	0	1	0	1	1	1	1	0	0	0	0	1	1	0	0	0	0	1	0	0
2 轮	1	0	0	1	0	0	1	0	1	0	0	1	0	1	0	0	0	1	0	0
4 轮	1	0	1	0	1	0	0	1	1	0	1	1	0	0	1	1	0	1	1	0
5 轮	0	0	1	0	1	1	0	0	1	1	1	1	0	1	0	0	1	1	1	0
6 轮	0	1	0	1	0	0	0	1	1	1	0	0	1	1	0	0	1	0	1	0

乱数	19	14	6	14	22	21	15	12	14	26	25	12	15	17	1	23	14	25	12	7
1 轮	1	0	1	0	0	0	0	1	0	1	1	1	1	0	0	0	0	1	1	0
2 轮	0	1	1	1	0	1	0	0	1	0	0	1	0	1	0	0	1	0	1	0
4 轮	0	1	0	1	0	1	0	0	1	1	0	1	1	0	0	1	1	0	1	1
5 轮	0	1	0	1	1	0	0	1	1	1	1	0	1	0	0	1	1	1	0	0
6 轮	1	0	0	0	1	1	1	0	0	1	1	0	0	1	0	1	0	1	0	0

按 1 轮、2 轮、4 轮、5 轮、6 轮的销钉为 0、1 状态集中观察乱数值，如下所示。

轮数（1、2、4、5、6）	乱数值								轮数（1、2、4、5、6）	乱数值							
00000	0	1	1						10000	5	4						
00001	15	15	15	15	15	15			10001	19	18	19					
00010	9								10010	12	11	12	12	12	12		
00011	22	22	22	21	22				10011	25	25	25					
00100	7	7	7	7	7	7	7		10100	11							
00101	19	19	19						10101	23	23						
00110	12	12	12	12					10110	15	15	15	15	15	15		
00111	23	23	23	23	23				10111	26	26	26					
01000	2	3	3						11000	6	6						
01001	17	17							11001	20							
01010	10	10							11010	13	13						
01011	23	24	24	23	24				11011	26							
01100	9	9							11100	12	12						
01101	21	21							11101	24							
01110	14	14	14	14	14	14	14	14	11110	16	16						
01111	25	25	25						11111	27	27						

从上述统计可见，每个状态对应的乱数值为 1 个或 2 个。乱数值为 2 个值时，其数值仅相差 1，这正好说明 3 轮起作用的状况：当 3 轮起作用时，数值就多 1，可标记为 1；当 3 轮不起作用时，数值就少 1，可标记为 0。3 轮的轮长为 23，如第 1 个乱数为 22，对应的 12456 轮为 00011。00011 有 2 个乱数值为 21 和 22，于是可以判断出 22 对应的 3 轮为 1，21 对应的 3 轮为 0。求出 3 轮的销钉为 0、1 状态，如下所示。

	0	1	2	3	4	5	6	7	8	9	10	11	12	13	14	15	16	17	18	19	20	21	22
销钉		*	1	0	1	*	0	0	0	1	1	1	1	1	0	1	0	1	1	1	*	1	1

7.2.3.10　求全销钉和凸片

按照 1 轮、2 轮、3 轮、4 轮、5 轮、6 轮的 0、1 状况与乱数对应，可得：

乱数	22	23	13	0	23	23	2	14	25	5	17	15	26	13	15	7	23	15	21	12
1 轮	0	0	1	0	1	0	0	0	0	1	0	1	1	1	1	0	0	0	0	1
2 轮	0	0	1	0	0	0	1	1	1	0	1	0	0	1	0	0	1	0	1	0
3 轮	1	*	1	0	1	*	0	0	0	1	1	1	1	1	0	1	0	1	1	1
4 轮	0	1	0	0	1	1	0	1	1	0	0	1	1	0	1	1	0	0	1	0
5 轮	1	1	1	0	0	1	0	1	1	0	0	1	1	1	1	0	1	0	0	1
6 轮	1	1	0	0	1	1	0	0	1	0	1	0	1	0	0	0	1	1	1	0

乱数	15	24	19	3	9	23	12	24	11	19	11	10	14	25	15	27	7	4	26	26
1 轮	1	0	0	0	0	1	0	0	1	0	1	0	0	0	0	1	0	1	1	1
2 轮	0	1	0	1	0	0	0	1	0	0	0	1	1	1	0	1	0	0	1	0
3 轮	*	1	1	1	*	1	0	1	*	0	0	0	1	1	1	1	1	0	1	0
4 轮	1	0	1	0	0	1	1	0	1	1	0	0	1	1	0	1	1	0	0	1
5 轮	1	1	0	0	1	0	1	1	0	0	1	1	1	1	0	1	0	0	1	1
6 轮	0	1	1	0	0	1	0	1	0	1	0	0	0	1	1	1	0	0	1	1

乱数	12	9	15	14	15	12	27	7	3	12	23	25	23	7	15	15	24	14	11	22
1 轮	1	0	0	0	0	1	1	0	0	0	0	1	0	0	1	0	1	0	0	0
2 轮	0	1	0	1	0	0	1	0	1	0	0	0	1	0	0	0	1	1	1	0
3 轮	1	1	1	*	1	1	1	*	1	0	1	*	0	0	0	1	1	1	1	1
4 轮	0	1	0	1	0	0	1	1	0	1	1	0	0	1	1	0	1	1	0	0
5 轮	1	0	0	1	0	1	1	0	0	1	1	1	1	0	1	0	0	1	1	1
6 轮	0	0	1	0	1	0	1	0	0	0	1	1	1	0	0	1	1	0	0	1

乱数	9	19	12	20	15	12	6	19	25	22	12	16	18	24	7	7	21	16	23	1
1 轮	0	1	0	1	1	1	1	0	0	0	0	1	1	0	0	0	0	1	0	0
2 轮	1	0	0	1	0	0	1	0	1	0	0	1	0	1	0	0	0	1	0	0
3 轮	0	1	0	1	1	1	*	1	1	1	*	1	0	1	*	0	0	0	1	1
4 轮	1	0	1	0	1	0	0	1	1	0	1	1	0	0	1	1	0	1	1	0
5 轮	0	0	1	0	1	1	0	0	1	1	1	1	0	1	0	0	1	1	1	0
6 轮	0	1	0	1	0	0	0	1	1	1	0	0	1	1	0	0	1	0	1	0

乱数	19	14	6	14	22	21	15	12	14	26	25	12	15	17	1	23	14	25	12	7
1 轮	1	0	1	0	0	0	0	1	0	1	1	1	1	0	0	0	0	1	1	0
2 轮	0	1	1	1	0	1	0	0	1	0	0	1	0	1	0	0	1	0	1	0
3 轮	1	1	1	0	1	0	1	1	1	*	1	1	1	*	1	0	1	*	0	0
4 轮	0	1	0	1	0	1	0	0	1	1	0	1	1	0	0	1	1	0	1	1
5 轮	0	1	0	1	1	0	0	1	1	1	1	0	1	0	0	1	1	1	0	0
6 轮	1	0	0	0	1	1	1	0	0	1	1	0	0	1	0	1	0	1	0	0

按 1 轮、2 轮、3 轮、4 轮、5 轮、6 轮的 0、1 状态集中观察乱数值，如下所示。

轮数（123456）	乱数值	轮数（123456）	乱数值
000000	0	100000	4
001000	1	101000	5
00*001		100001	18
001001	15	101001	19
00*010	9	100010	11
001010		101010	12
000011	21	10*011	25
001011	22	101011	25
000100	7	10*100	11
001100	7	101100	
000101	19	100101	
001101	19	101101	23
000110	12	100110	15
00*110	12	101110	15
000111	23	10*111	26
001111	23	101111	26
010000	2	11*000	6
011000	3	111000	6
01*001	17	110001	
011001	17	111001	20
010010	10	110010	
011010	11	111010	13
010011	23	110011	
011011	24	111011	26
010100	9	110100	12
011100	9	111100	12
010101	21	110101	
011101	21	111101	24
010110	14	110110	16
011110	14	111110	16
010111	25	110111	
011111	25	111111	27

由上表可求出鼓状滚筒的 27 根横杆对应 6 个有效位上的所有凸片及其相互位置。记 X_i（$i = 1,2,3,4,5,6$）为第 i 个有效位上有凸片的横杆数，记 X_{ij}（i=1,2,3,4,5,6，i<j≤6）为横杆上第 i 个有效位和第 j 个有效位都有凸片的横杆数（每根横杆有 2 个凸片，2 个凸片的位置可以

是：2 个都在无效位，1 个在有效位、1 个在无效位，2 个都在有效位。当 2 个凸片都在有效位时，如果对应的 2 个圆盘的销钉也均为有效，则两个轮子只起一次作用）。

由 100000 对应的乱数值为 4，可知 $X_1=4$。

由 010000 对应的乱数值为 2，可知 $X_2=2$。

由 001000 对应的乱数值为 1，可知 $X_3=1$。

由 000100 对应的乱数值为 7，可知 $X_4=7$。

由 101000 对应的乱数值为 5，即 $X_1+X_3-X_{13}=4+1-X_{13}=5$，可知 $X_{13}=0$。

由 011000 对应的乱数值为 3，即 $X_2+X_3-X_{23}=2+1-X_{23}=3$，可知 $X_{23}=0$。

由 001100 对应的乱数值为 7，即 $X_3+X_4-X_{34}=1+7-X_{34}=7$，可知 $X_{34}=1$。

由 010100 对应的乱数值为 9，即 $X_2+X_4-X_{24}=2+7-X_{24}=9$，可知 $X_{24}=0$。

由 111000 对应的乱数值为 6，即 $X_1+X_2+X_3-X_{12}-X_{13}-X_{23}=4+2+1-X_{12}-0-0=6$，可知 $X_{12}=1$。

由 110100 对应的乱数值为 12，即 $X_1+X_2+X_4-X_{12}-X_{14}-X_{24}=4+2+7-1-X_{14}-0=12$，可知 $X_{14}=0$。

由 000101 对应的乱数值为 19 和 001101 对应的乱数值为 19，即 $X_4+X_6-X_{46}=X_3+X_4+X_6-X_{34}-X_{36}-X_{46}$，可知 $X_{36}=0$。

由 001001 对应的乱数值为 15，即 $X_3+X_6-X_{36}=1+X_6-0=15$，可知 $X_6=14$。

由 100001 对应的乱数值为 18，即 $X_1+X_6-X_{16}=4+14-X_{16}=18$，可知 $X_{16}=0$。

由 000101 对应的乱数值为 19，即 $X_4+X_6-X_{46}=7+14-X_{46}=19$，可知 $X_{46}=2$。

由 011001 对应的乱数值为 17，即 $X_2+X_3+X_6-X_{23}-X_{26}-X_{36}=2+1+14-0-X_{26}-0=17$，可知 $X_{26}=0$。

由 100110 对应的乱数值为 15 和 101110 对应的乱数值为 15，即 $X_1+X_4+X_5-X_{14}-X_{15}-X_{45}=X_1+X_3+X_4+X_5-X_{13}-X_{14}-X_{15}-X_{34}-X_{35}-X_{45}$，推出 $X_{35}=0$。

由 100010 对应的乱数值为 11 和 100110 对应的乱数值为 15，即 $X_1+X_5-X_{15}=11$ 和 $X_1+X_4+X_5-X_{14}-X_{15}-X_{45}=15$，可知 $X_{45}=3$。

由 000110 对应的乱数值为 12，即 $X_4+X_5-X_{45}=7+X_5-3=12$，可知 $X_5=8$。

由 010010 对应的乱数值为 10，即 $X_2+X_5-X_{25}=2+8-X_{25}=10$，可知 $X_{25}=0$。

由 000011 对应的乱数值为 21，即 $X_5+X_6-X_{56}=8+14-X_{56}=21$，可知 $X_{56}=1$。

由 100010 对应的乱数值为 11，即 $X_1+X_5-X_{15}=4+8-X_{15}=11$，可知 $X_{15}=1$。

归纳整理可得：

$X_1=4$	$X_{12}=1$	$X_{13}=0$	$X_{14}=0$	$X_{15}=1$	$X_{16}=0$
	$X_2=2$	$X_{23}=0$	$X_{24}=0$	$X_{25}=0$	$X_{26}=0$
		$X_3=1$	$X_{34}=1$	$X_{35}=0$	$X_{36}=0$
			$X_4=7$	$X_{45}=3$	$X_{46}=2$
				$X_5=8$	$X_{56}=1$
					$X_6=14$

还原为表 7.1 所示的形式为：

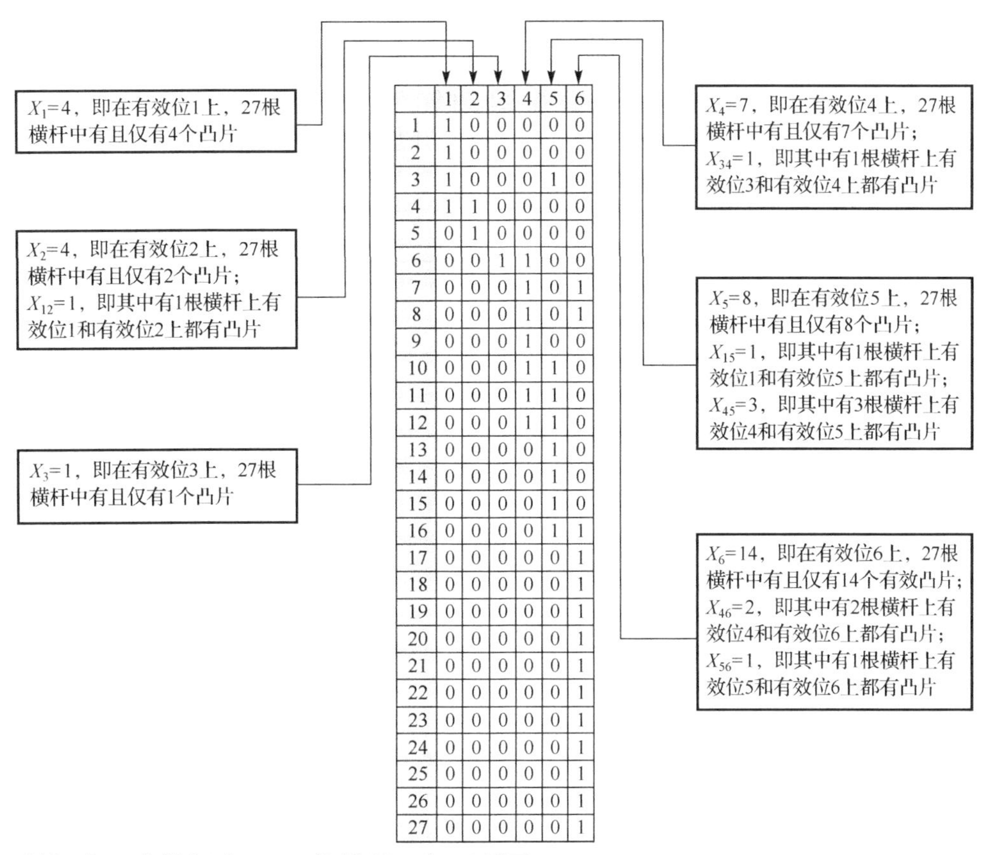

	1	2	3	4	5	6
1	1	0	0	0	0	0
2	1	0	0	0	0	0
3	1	0	0	0	1	0
4	1	1	0	0	0	0
5	0	1	0	0	0	0
6	0	0	1	1	0	0
7	0	0	0	1	0	1
8	0	0	0	1	0	1
9	0	0	0	1	0	0
10	0	0	0	1	1	0
11	0	0	0	1	1	0
12	0	0	0	1	1	0
13	0	0	0	0	1	0
14	0	0	0	0	1	0
15	0	0	0	0	1	0
16	0	0	0	0	1	1
17	0	0	0	0	0	1
18	0	0	0	0	0	1
19	0	0	0	0	0	1
20	0	0	0	0	0	1
21	0	0	0	0	0	1
22	0	0	0	0	0	1
23	0	0	0	0	0	1
24	0	0	0	0	0	1
25	0	0	0	0	0	1
26	0	0	0	0	0	1
27	0	0	0	0	0	1

3 轮还有 3 个销钉为 0、1 的情况，如下所示。

	0	1	2	3	4	5	6	7	8	9	10	11	12	13	14	15	16	17	18	19	20	21	22
销钉	1	*	1	0	1	*	0	0	0	1	1	1	1	1	0	1	0	1	1	1	*	1	1

由第 29 位乱数（3 轮第 1 位）9 对应的状态为 00*010，即 $X_{3*}+X_5-X_{35}=X_{3*}+8-0=9$，推出 X_{3*}（3 轮第 1 位）=1。

由第 48 位乱数（3 轮第 5 位）7 对应的状态为 00*100，即 $X_{3*}+X_4-X_{34}=X_{3*}+7-1=7$，推出 X_{3*}（3 轮第 5 位）=1。

由第 67 位乱数（3 轮第 20 位）6 对应的状态为 11*000，即 $X_1+X_2+X_{3*}-X_{12}-X_{13}-X_{23}=4+2+X_{3*}-1-0-0=6$，推出 X_{3*}（3 轮第 20 位）=1。

3 轮所有销钉为 0、1 的情况如下所示。

	0	1	2	3	4	5	6	7	8	9	10	11	12	13	14	15	16	17	18	19	20	21	22
销钉	1	1	1	0	1	1	0	0	0	1	1	1	1	1	0	1	0	1	1	1	1	1	1

归结总结 6 个圆盘的销钉为 0、1（还原为表 7.2 所示的形式）的情况如下。

	0	1	2	3	4	5	6	7	8	9	10	11	12	13	14	15	16	17	18	19	20	21	22	23	24	25
1 轮	0	0	1	0	1	0	0	0	0	1	0	1	1	1	1	0	0	0	0	1	1	0	0	0	0	1
2 轮	0	0	1	0	0	0	1	1	1	0	1	0	0	1	0	0	1	0	1	0	0	1	0	1	0	
3 轮	1	1	1	0	1	1	0	0	0	1	1	1	1	1	0	1	0	1	1	1	1	1	1			
4 轮	0	1	0	0	1	1	0	1	1	0	0	1	1	0	1	1	0	0	1	0	1					
5 轮	1	1	1	0	0	1	0	1	1	0	0	1	1	1	1	0	1	0	0							
6 轮	1	1	0	0	1	1	0	0	1	0	1	0	1	0	0	0	1									

至此，M-209 密码机就被破译了。

第8章

密码分析实例

8.1 计算机中文信息实用加密方案分析

本节内容改编自西南交通大学于功弟等人在《计算机工程与应用》1992 年第 5 期发表的论文"计算机中文信息实用加密方案的研究"。该论文提出了一种可用于计算机中文信息加密的实用加密方案（简称 YGD 加密方案）。本节将对该加密方案进行详细分析。

8.1.1 YGD 加密方案分析

经过一定简化的 YGD 加密方案可叙述为：对于给定 M、K、R，其中

$$M = m_1, m_2, \cdots, m_n, \qquad m_i \in Z^*$$

$$K = K_1, K_2, \cdots, K_t, \qquad K_j \in F(2)，1 \leqslant t \leqslant n$$

$$R \in Z^*$$

注：YGD 加密方案对 m_i 有一定限制，限定 m_i 为计算机中一个中文字（16 位的二进制数，即 2 个字节，且强制将每个字节的最高位置"1"，以区别 ASCII 内码）的十进制表示，即 $0 \leqslant m_i \leqslant 65535$。本节对 m_i 无此限制。因此，本节所述方法适用于更广范围。

按下述方法求 C（$C = C_1, C_2, \cdots, C_n$，$C_i \in Z^*$）：

$$\begin{aligned}
&S(1) = K_1 m_1 \\
&S(2) = S(1) + K_2 m_2 \\
&\qquad \cdots \\
&S(t) = S(t-1) + K_t m_t \\
&S(t+1) = K_1 m_{t+1} \\
&S(t+2) = S(t+1) + K_2 m_{t+2} \\
&\qquad \cdots \\
&S(2t) = S(2t-1) + K_t m_{2t} \\
&S(2t+1) = K_1 m_{2t+1} \\
&S(2t+2) = S(2t+1) + K_2 m_{2t+2} \\
&\qquad \cdots \\
&S(n) = S(n-1) + K_d m_n \qquad \text{（注意这里的下标}d\text{）}
\end{aligned} \tag{8-1}$$

$$C_i = S(i) + Rm_i, \qquad i = 1,2,\cdots,n \tag{8-2}$$

我们称 $S(t), S(2t), \cdots, S(n)$、$R$、$d$（$1 \leqslant d \leqslant t$）是单项窍门（也称为陷门）函数的窍门信息。在这些信息中，除 R 以外，都是在计算过程中产生的。综上所述可知，YGD 加密方案的密钥是 K（一个长度为 t 的二元序列）和 R（一个整数）。

分析式（8-1）和式（8-2）所述的算法，可以得出以下几点结论。

（1）密钥 K 的长度 t 可以直接从密文中获得。从式（8-1）和式（8-2）可知：

$$\begin{aligned} C_{at+1} &= S(at+1) + Rm_{at+1} \\ &= K_1 m_{at+1} + Rm_{at+1} \\ &= (K_1 + R)m_{at+1}, \qquad a = 0,1,2\cdots \end{aligned} \tag{8-3}$$

式（8-3）说明密文 C_{at+1}（$a = 0,1,2\cdots$）都有公因子（K_1+R），利用这一点，可求出密钥 K 的长度 t。

（2）单项窍门函数的窍门信息之一 d（$1 \leqslant d \leqslant t$）可直接从密文中获得。

（3）个别点的密文比直接反映明文比。由式（8-3）可知：

$$C_{a_it+1} / C_{a_jt+1} = m_{a_it+1} / m_{a_jt+1} \qquad a_i \neq a_j，a_i、a_j = 0,1,2\cdots \tag{8-4}$$

（4）单项窍门函数的窍门信息之一 R 可基本确定。由式（8-3）可知 C_{at+1}（a=0,1,2…）的公因子是（K_1+R），而 K_1 为 0 或 1，即 R 等于 C_{at+1} 的公因子，或 R 等于 C_{at+1} 的公因子减 1。

（5）当 R 为偶数时，密文 C_i 的奇偶性与 $S(i)$的奇偶性相同。

（6）密文大于明文，也大于 $S(i)$，即 $C_i>m_i$，$C_i>S(i)$。

以上只是对 YGD 加密方案进行分析后得出的部分结论，这些结论为密码分析提供了极为广阔的舞台。从以下分析可知，在实际破译过程中，上述结论的大部分尚未利用。

8.1.2 YGD 加密方案的唯密文攻击法

YGD 加密方案设计者认为：“计算机密码学的一项基本原则就是假定密码分析人员必须懂得编码术的原理和方法，并且能够获得一定数量的明文-密文对。密码的安全性必须以这条准则为前提来衡量。”即一个好的密码体制，应该是建立在密码分析人员知道其算法（编制），而且能够获得足够多的明文密文对，甚至能够获得足够多的“有问题”的明文密文对。如果在这样的条件下，该体制还没有在计算上可以实现的（不是理论上可以破译的）的破译方法，那么可以认为该体制是一个好的体制。

关于 YGD 加密方案的已知明文攻击法，有兴趣的读者可以依据上述几点结论和下面介绍的唯密文攻击法的精要，作为一个练习自行设计。本节将针对更复杂一些的情况，重点解

决仅知密文 C，求 K、R、M 的方法。顺便提一句，密码分析重点解决的是依据密文 C 和其他有关信息求出密钥（本节中的 K、R），而不是求出明文（本节中的 M）。求出密钥必然可以得到明文，而求出明文未必能得到密钥。

（1）求密钥 K 的长度 t。依据式（8-3），依次分析 C_1 与 C_i（$i>1$）。如果 C_1 与 C_{j+1}（$j=1,2\cdots$）有公因子，再分析 C_1、C_{j+1}、$C_{2j+1}\cdots$是否有公因子，如果无公因子，则否定 C_i，继续分析 C_1 与 C_{i+1} 是否有公因子；依次进行，直至找出 C_1、C_{j+1}、$C_{2j+1}\cdots$都有公因子。此时，$j=t$；同时，记这个公因子为 D_1。

（2）求 m_{aj+1}（$a=0,1,2\cdots$）。由于 m_i 有确定的含义，因此对任意的 m_i、m_j，不可能都存在公因子，就如同两个英文字母 A、B，计算机的二进制数一般不可能有公因子一样。因此，C_1、C_{j+1}、$C_{2j+1}\cdots$除以上面求出的公因子 D_1，得出的就是 m_1、m_{j+1}、$m_{2j+1}\cdots$。

（3）求 K_1 和 R。由式（8-3）和上述分析可知 $K_1+R=D_1$，分析 C_2、C_{j+2}、$C_{2j+2}\cdots$，可知

$$\begin{aligned} C_{aj+2} &= S(aj+2)+Rm_{aj+2} \\ C_{aj+2}-K_1m_{aj+1} &= (K_2+R)m_{aj+2} \end{aligned} \tag{8-5}$$

式中，$a = 0,1,2\cdots$。如果 $K_1=0$，则必然有 $C_{aj+2}=(K_2+R)m_{aj+2}$，即 C_{aj+2} 都有公因子(K_2+R)。这可直接从密文中得出。反之，$K_1=1$。求出 K_1 后，可求出 $R=D_1-K_1$。

（4）求 m_{aj+2}（$a = 0,1,2\cdots$）。由式（8-5）可知，此时等式左端均为已知数，不妨记 $C_{aj+2}-K_1m_{aj+1}=C^*_{aj+2}$，尽管这时已求出 R，而且已知 K_2 非 0 即 1，但为慎重起见，不对 K_2 进行假设分析，仍采取记 $K_2+R=D_2$ 的办法，用 C^*_{aj+2}/D_2 求出 m_{aj+2}（$a=0,1,2\cdots$）。

（5）求 K_2。

$$K_2 = D_2 - R$$

依上述方法，可以依次求出：

$$\begin{aligned} &D_1,\ m_{aj+1}(a=0,1,2\cdots),\quad K_1,\ R \\ &D_2,\ m_{aj+2}(a=0,1,2\cdots),\quad K_2 \\ &D_3,\ m_{aj+3}(a=0,1,2\cdots),\quad K_3 \\ &\qquad\cdots \\ &D_t,\ m_{aj+t}(a=0,1,2\cdots),\quad K_t \end{aligned}$$

从上述分析可知，唯密文攻击法的实现过程也是以递推形式完成的。与加密过程相比，仅多了一个公因子判别步骤。故该方法的时间复杂度是 $O(n)$阶的，空间复杂度也是 $O(n)$阶的。在计算机上实现时，与已知密钥 K、R 进行加密和解密运算一样快（而且没有用到窍门信息 d，这个信息是冗余的）。

8.1.3 有关 YGD 加密方案的一些其他问题

（1）YGD 加密方案设计者建议，出于安全性和实用性考虑，取 $100 \leqslant t \leqslant 200$ 较好，这样既不会造成计算溢出，又具有较高的安全性。从上述唯密文攻击法可知，t 的选择与破译该方案所需的密文量直接有关。一般来讲，当 C_i 的 $i>t$，即可利用该方法实现唯密文攻击；当 $i \geqslant 2t$ 时，可以求出全部密钥 K。

（2）实际上，为防止计算溢出，采取限制 t 的办法不是一个好的办法。防止计算溢出的更好办法是采取 C_i（mod 65535）。如果要求更强的密度，可采取 C_i（mod n），n 是一个小于 65535 但较大的质数，或根据计算机汉字编码的十进制数确定一个相应的质数。

（3）t 是 YGD 加密方案的密钥长度，若取 $100 \leqslant t \leqslant 200$，则该方案所要求的密钥量远大于 DES 体制所要求的 56 bit 的密钥量。这种采取加大密钥量以提高密度的思路是不可取的。

（4）由式（8-2）可知，是否会发生计算溢出还与该方案的另一个密钥 R 有关。一般来说，溢出是 t、R 的函数，有兴趣的读者不妨分析一下其函数关系（提示：m_i 取值有一定限制，可依据函数值的上、下限求出 t、R 的函数表达式）。

（5）关于 YGD 加密方案“是建立在传统密码学和公开密钥密码体制的基础上”的提法，笔者不敢苟同。YGD 加密方案的密钥 K、R 不能公开，它既是加密密钥，也是解密密钥，该体制是传统密钥密码体制。

YGD 加密方案对计算机信息加密问题进行了积极探索和大胆尝试，但该加密方案尚有缺陷，距离实用还有一定差距。

8.1.4 破译实例

给定密文 $C=(C_1,C_2,C_3,C_4,C_5)=(15,17,29,27,13)$。

第一步：求密钥 K 的长度 t。由于 $C_2=17$、$C_3=29$、$C_5=13$ 均为质数，故 $t=3$，且$(K_1+R)=15$ 和 27 的最大公因子为 3。

第二步：求 m_1 和 m_4。$m_1=C_1/3=5$，$m_4=C_4/3=9$。

第三步：求 K_1 和 R。由于 $C_2=17$、$C_5=13$ 均为质数，无公因子，因此 $K_1=1$，$R=3-1=2$。

第四步：求 m_2 和 m_5。$C_2-K_1m_1=17-5=12$，$C_5-K_1m_4=13-9=4$。由于 $R=2$，K_2 非 0 即 1，在还原明文时，12 和 4 的公因子只能取 2，可求出 $m_2=12/2=6$，$m_5=4/2=2$。

第五步：求 K_2。显然 $K_2=0$。

第六步：求 m_3。$C_3-K_1m_1-K_2m_2=29-5=24$。已知 $R=2$，K_3 非 0 即 1，即 $m_3=12$（当 $K_3=0$ 时）或 $m_3=8$（当 $K_3=1$ 时）。

至此，求出密钥 $K=\{1,0,1$ 或 $0\}$，$R=2$；求出明文 $M=(5,6,8)$或$(12,9,2)$。在本例中，C_i 的 $i<2t$，故 K 无法全部唯一确定。至于明文 m_3 的确定，则需要利用文字规律。

8.1.5　破译练习

破译练习：

条件：m=20，对 500 个明文 ASCII 码（如一篇英文文章）进行加密，得到 500 个密文 ASCII 码。

要求：仅知 500 个密文 ASCII 码，还原出长度为 20 的密钥序列（唯密文攻击）。

重要提示：

实际上，该加密体制是 Leon Battista Algerti 于 1466—1467 年提出的，后由 Johannes Trithemius 于 1508 年完善，称为 Blaise de Vigenere（1585 年）密表的密码体制。在提出该体制时，设计者声称是“至高无上”的，“不可破译”的。如果纯粹地穷尽破解，那么就如作者所声称的“可能性仅有亿万分之一”或“几乎是不可能的”。

西南交通大学于功第等人于《计算机应用研究》1990 年第 6 期发表的论文“利用软件黑盒子对 PC 机文本文件加密的原理与方法”中附有加/解密程序，有兴趣的读者可以运行该程序，设定长度为 20 的密钥，输入明文 ASCII 码，可获取密文 ASCII 码。

```
1   rem 对任何 ASCII 码正文文件加密/解密软件工具
10  input "产生软件黑盒文件: 1,加密; 2,解密; 3,0:退出?"; c
20  if c<>1 then 50
30  gosub 100
40  goto 10
50  if c<>2 then 80
60  gosub 200
70  goto 10
80  if c<>3 then 95
85  gosub 300
90  goto 10
95  system
98  rem 产生软件黑盒文件
100 input "请输入要建立的黑盒子文件名"; g$
110 open g$ for output as #2
120 input "请一个一个输入密码序列, 0 结束"; x
130 if x=0 then 160
140 write #2, x
150 goto 120
160 close #2
170 return
190 rem 加密文件
200 input "请输入要加密的文件名"; f$
205 input "请输入软件黑盒子文件名"; g$
```

```
210 open "r", #1, f$, 1
220 field #1, 1, as g$
230 bot=lof (1)
240 open g$ for input as #2
250 for i=1 to bot
255 if cof (2) then 285
260 input #2, k
265 get #1, i
270 lset a$=chr$(asc(a$)+k)
275 put #1, i
280 goto 290
285 close #2
287 open g$ for input as #2
290 next
291 close #1
292 close #2
294 return
295 rem 解密文件
300 input"请输入要解密的文件名"; f$
305 input"请输入软件黑盒子文件名"; g$
310 open "r", #1, f$, 1
320 field #1, 1 as a$
330 bot=lof (1)
340 open g$ for input as #2
350 for i=1 to bot
355 if cof (2) then 385
360 input #2, k
365 get #, i
370 lset a$=chr$(asc(a$)-k)
375 put #1, i
380 goto 387
385 chose #2
386 open g$ for input as #2
387 next
388 close #1
389 close #2
390 return
```

8.2 MacLaren-Marsaglia 软件加密体制的分析

本节改编自本书作者文仲慧于1988年“全国第三届计算机安全技术交流会”发表的论文

“对 MacLaren-Marsaglia 软件加密体制的分析”。该论文描述了对某种计算机文件加密体制的成功破译，该体制基于 MacLaren-Marsaglia 算法，其要点是根据两串伪随机数序列生成一串伪随机数序列。

随着计算机应用步伐的不断加快，计算机网络正逐步普及。在网络环境中，依靠操作系统保护文件来避免他人调阅，在实际上是行不通的。原因显而易见，很多既懂硬件又懂软件的人可以通过物理手段调阅文件。出于这一原因，研究开发了多种文件加密体制。早期的一些加密体制不足为奇，但自 1980 年以来，启用了一种新的加密程序，该加密程序的作者声称“除非穷尽，否则实际上无法破译”。然而，可以证明，该体制远不如所说的那么安全。其一，该体制的密钥长度仅为 31 比特，因此可以进行穷尽分析。尽管对计算机而言，穷尽分析可能占用较多的 CPU 时间；其二，利用本节所述的方法，仅依靠假设明文，即可在几分钟之内完成破译。

8.2.1　加密算法

通过对程序进行简单的反汇编即可揭示该算法的实质。下面是对算法的简要描述。

按下述方法定义两个线性同余发生器：

```
FUNCTION RANDOM1;
BEGIN
    SEED1:=(46876*SEED1+32749) MOD 59049;
    RETURN(SEED1);
END;
FUNCTION RANDOM2;
BEGIN
    SEED2:=(4353*SEED2+32633) MOD 32768
    RETURN(SEED2);
END;
```

第三个函数则利用含有 257 个元素的表，定义如下：

```
FUNCTION RANDOM3;
BEGIN
    I:=RANDOM1 MOD 257;
    SEED3:=TABLE(I);
    TABLE(I):=RANDOM2;
    RETURN(SEED3);
END;
```

该算法是 MacLaren-Marsaglia 算法的一个翻版。关于 MacLaren-Marsaglia 算法，高德纳（Donald Ervin Knuth）认为“实际上能满足任何人对随机性的要求”。应用该算法，首先用数值（作为密钥）对 SEED1 和 SEED2 进行初始化；其次，依文件长度，多次调用 RANDOM3；然后，将文件中每 16 bit 的字依次与 RANDOM3 所产生的字进行模 2 加。显然，相同过程既可用于加密，又可用于解密。

RANDOM1 和 RANDOM2 这两个函数均满足产生最大周期序列的条件，因此，两者的周期分别为 59049 和 32876。又因为这两个数互为素数，因此，RANDOM3 的周期为 1934917632。

8.2.2 线性同余序列的特性及其计算

有两种可行的方法可以生成线性同余序列中某一给定值：一是依次生成每一个后续值直至得到所希望的值，这种方法要求较多的时间；二是一次生成所有的值，并将其置于某个表中，在需要时抽取某个所希望的值，这种方法要求较多的空间。为了在时间和空间方面取得平衡，可以充分利用序列的线性特性。

假设序列由下述递归关系式定义（$X_0=0$）：

$$X_{n+1}=(aX_n+b)\bmod m \tag{8-6}$$

则

$$X_n=\sum_{i=0}^{n-1}a^i b \bmod m \tag{8-7}$$

及

$$X_{n+j}-X_n=\sum_{i=n}^{n+j-1}a^i b \bmod m \tag{8-8}$$

有

$$X_{n+j}=X_n+a^n X_j \bmod m \tag{8-9}$$

假定已生成 X_n 和 a^n（n=1,2,4,8,16…），则对于任意给定值 X_j，可以计算出 $X_{j+1},X_{j+2},X_{j+3}\cdots$，而且仅需进行一次乘法和一次加法（mod m）。重复这一过程，可计算出序列中的任意 X，而且最多用 16 次乘法和 16 次加法（也可能是 16 次除法），因为这里所有的数均限制在 16 bit 之内。存储 X_n 和 a^n 的空间可忽略不计，因为每个表仅含 16 个数。

对于 RANDOM2 序列中任意给定的值以及生成该值与 X 值之间的节拍数，可用下面的算法计算出 X。注意：这时无须除法，因为模数是 2 的幂。

```
FUNCTION R2VALUE(STARTVALUE,OFFSET);
BEGIN
    FOR I:=0 TO 14 DO
        IF(OFFSET AND 2↑I)
        THEN STARTVALUE:=X(I)+A(I)*STARTVALUE;
RETURN(STARTVALUE AND 32767);
END;
```

上述函数的反函数，即给定 RANDOM2 序列中任意两个值，求其生成节拍之差，亦可用上述思想分析解决。但是，考虑到 RANDOM2 函数的某些其他特性，可以用更简便的方法。

RANDOM2 的模数为 2 的方幂，而且 $a(\text{mod } 4)=1$。具有这种特性的发生器产生的序列有很好的随机特性。利用式（8-7）有：

$$X(I) = X_{2i} = b\sum_{j=0}^{2^i-1} a^j = b\frac{a^{2i}-1}{a-1} \mod m \tag{8-10}$$

利用 $a(\text{mod } 4)=1$ 及代入式（8-10）后的展开式，可得出

$$X(I) = b(2k+1)2^i \mod m \text{（对某个整数 } k \text{ 而言）} \tag{8-11}$$

因为 b 为奇数，因此 $X(I)$可被 2^i 整除，但不能被 2^{i+1} 整除。这表明，$X(I)$中为 1 的最低有效位是第 I 位比特。

令 $I=2^i$、$J=2^j$（$i \leqslant j$），有

$$X_{I+J}=X(i)+a(i)X(j) \mod m \tag{8-12}$$

因为 m 是 2 的幂，所以 X_{I+J} 的最低有效位与 $X(i)$的最低有效位一样。因而，对于 RANDOM2 序列中的任意两个给定值，可以利用下面的算法计算其生成节拍之差。

```
FUNCTION R2INVERSE(START,END);
BEGIN
    OFFSET:=0;
    FOR I:=0 TO 14 DO
        IF((START XOR END) AND 2↑I)
        THEN BEGIN;
        OFFSET:=OFFSET+2↑I;
        SRART:=X(I)*A(I)*START;
END;
```

用汇编语言编写上述算法的程序在 16 位微型计算机上只需运行几百微秒。从下述分析可以看出，RANDOM3 序列中两个连续值在 RANDOM2 序列中相距不会大于 2787。因此，利用上述程序，绝大部分错误假设均可在 1 ms 内被否定。

8.2.3　算法的破译

采用的破译方法为已知明文破译法。可以证明，通常已知 10 个字符即足以完成破译。因此，完全可以通过假设明文进行破译。假定明文设定正确，则可以得到正确的由 RANDOM3 所产生的序列，如果可以确定出产生这一序列的 RANDOM1 和 RANDOM2 的值，就可以构造出表的状态，进而计算出种子数的初值。

注意到这时由 RANDOM3 生成的每个数均由 RANDOM2 所生成，RANDOM1 的唯一作用是在 RANDOM2 生成某个数以及 RANDOM3 利用这个数对文件进行加密时，在这两个节拍之间插入可变延迟。利用 8.2.2 节给出的方法，可以迅速计算出对于某个任意起点而生成某个给定数的节拍数。当然，实际起点是未知的（它为密钥的一部分），但是，节拍数的差与起点无关。实际上，节拍差序列仅与 RANDOM1 的状态有关，而与 RANDOM2 无关。

由于 RANDOM1 的周期为 59049，相应的节拍差序列的周期亦为 59049。该序列可以迅速生成并置于某个表中，可通过一个较短的子序列对这个表进行搜索。含有 4 个差的子序列可以唯一确定出节拍差序列中 97%的点；若要唯一确定所有的点，则需要子序列含有 11 个差。通过搜索找到符合值后，RANDOM1 的值以及通过表所获知的延迟即可产生并被存储。

破译该算法的一般过程如下：令各发生器在节拍 i 时产生的值分别为 RANDOM1(i)、RANDOM2(i)、RANDOM3(i)。

（1）将假设的字符串作为明文与密文在某个位置上相模 2 加。如果位置假设正确，则所得结果为 RANDOM3(i)、RANDOM3(i+1)…。

（2）既然 RANDOM3 的每个值都是由 RANDOM2 在某个节拍时生成的，因此，存在 j 和 $\Delta(i)$，使得

$$\text{RANDOM3}(i)=\text{RANDOM2}(j)$$
$$\text{RANDOM3}(i+1)=\text{RANDOM2}[j+\Delta(i)]$$
$$\cdots$$

其中，$\Delta(i)$是 RANDOM1(i)的函数。

（3）利用 8.2.2 节所述方法计算下列值：

$$j、j+\Delta(i)$$
$$j+\Delta(i)+\Delta(i+1)$$
$$j+\Delta(i)+\Delta(i+1)+\Delta(i+2)$$
$$j+\Delta(i)+\Delta(i+1)+\Delta(i+2)+\Delta(i+3)$$

这些值之间的连续差可产生 $\Delta(i)$、$\Delta(i+1)$、$\Delta(i+2)$、$\Delta(i+3)$，如果在上述差中的任意一个大于 2787，则返回步骤（1），再重新选择位置进行计算，因为 2787 是 Δ 的最大可能值。

（4）在 Δ 序列（由 RANDOM1 和初始表一次生成并被置于某个表之中）中搜索步骤（3），得出 4 个差。如果没有相应的值，则返回步骤（1），并在另外的位置上进行计算。如果找到相应的值且结果唯一，则 RANDOM1(i)就知道了。有时，用 4 个连续差搜索 Δ 序列时结果并不唯一。这时，应利用其他附加值或试遍每一种可能的符合值，并通过还原出的明文进行检验。

（5）因为 RANDOM1 亦可确定 RANDOM2 产生的每个数在表中将延迟多少节拍，因此，

可利用 RANDOM1(i)寻找 i–1，即 RANDOM2(j)在表中延迟多少节拍。既然 i 已知，通过文件中设定的位置和初始化延迟，就可以计算 j。

（6）利用 i 和 RANDOM1(i)计算 SEED1 的初值。

（7）利用 i 和 RANDOM2(i)计算 SEED2 的初值。

由于差的计算极为迅速，而且利用几个差即可排除几乎所有的错误假设，因此上述方法无须改进。试验表明，对于绝大部分文件，如果假设字符可以在文件中的前 1000 个字符位置内得到，则破译时间仅为 1～2 min。

8.2.4　双重加密

从上述分析可以看出，该体制的根本弱点在于 RANDOM1 和 RANDOM2 这两个线性同余发生器的作用可以分而治之，各个击破，即使当密钥明显加长也不能保证系统的安全。

最佳对策似乎是采用双重加密。双重加密可以使很多密码体制的性能增强。在这种情况下，一个必然的结果是，有效密钥的长度将达到 62 bit，由此可排除任何穷尽分析。同时，双重加密亦可消除上述破译中所利用的弱点，因为通过双重加密，明文和密文进行模 2 加后的数不再是 RANDOM2 序列中产生的数，而是 RANDOM2 序列中两个不同的延迟数进行模 2 加的结果。

然而，注意到 RANDOM2 的模数为 2 的幂，这将导致 RANDOM2 序列中的数的最低有效位或者保持不变，或者 0、1 交替出现。实际情况是 0、1 交替出现。因此，对于 RANDOM2 序列中任意两个数进行模 2 加后的结果，如果产生这两个数的节拍差为偶数，其亦为偶数；如果产生这两个数的节拍差为奇数，其亦为奇数。因为通过表而得到的延迟仅仅是 RANDOM1 的函数，所以 RANDOM3 产生的数连续进行模 2 加后结果的最低有效位将可以识别 RANDOM1 的状态。这就是密码方面的弱点。

这个由单一比特构成的序列的周期为 59049，因此，该序列可以方便地生成并存储在某个表中。但是，为保证该序列中两个子序列进行模 2 加的结果唯一，显然要求更多的明文。利用 38 bit 的子序列可使唯一性大于 99%，利用 64 bit 的子序列可使唯一性达到 100%。

破译双重加密文件的一般过程如下：

（1） 利用已知明文的 78 个字符与密文进行模 2 加，可得到 39 个数的序列，相当于两串 RANDOM3 序列进行模 2 加的结果。设已获序列的最低有效位为

$$R(i)、R(i+1)$$

并设两个未知 RANDOM3 序列的最低有效位分别为

$$R_3(i)、R_3(i+1)$$

和

$$r_3(i)、r_3(i+1)$$

（2）可知

$$R(i)=R_3(i)\oplus r_3(\mathrm{i})=R_2(j)\oplus r_2(k)$$
$$R(i+1)=R_3(i+1)\oplus r_3(i+1)=R_2[j+\varDelta(i))\oplus r_2(k+\delta(i))$$
$$\cdots$$

因此，如果将 R 序列的连续值进行模 2 加，则有

$$R(i)\oplus R(i+1)=R_2(j)\oplus R_2[j+\varDelta(i)]\oplus r_2(k)\oplus r_2[k+\delta(i)]$$
$$R(i+1)\oplus R(i+2)=R_2[j+\Delta(i)]\oplus R_2[j+\varDelta(i)+\varDelta(i+1)]\oplus r_2[k+\delta(i)]\oplus r_2[k+\delta(i)+\delta(i+1)]$$
$$\cdots$$

因为对于任意的 X 和 Y 均有

$$R_2(X)\oplus R_2(X+Y)=Y \bmod 2$$

于是有

$$R(i)\oplus R(i+1)=\varDelta(i)(\bmod 2)\oplus\delta(i)(\bmod 2)$$
$$R(i+1)\oplus R(i+2)=\varDelta(i+1)(\bmod 2)\oplus\delta(i+1)(\bmod 2)$$
$$\cdots$$

（3）在 $\varDelta(\bmod 2)$序列（由 RANDOM1 产生）中找出某个含有 38 bit 的子序列，并将其与步骤（2）中得到的 38 bit 的序列进行模 2 加。如果结果仍在 $\varDelta(\bmod 2)$序列中，则进行下一步。否则，在 $\varDelta(\bmod 2)$序列中另选出某个含有 38 bit 的子序列，直至找出相应的符合值。$\varDelta(\bmod 2)$序列中共有 59049 个点，因此，应对数据进行合理组织以便尽快完成这一步。

（4）如果两个子序列均在 $\varDelta(\bmod 2)$序列中找到，则 RANDOM1(i)和 RANDOM2(j)以及$(i-j)$和$(i-k)$就找到了，因为其仅与 RANDOM1 有关。这些值一旦生成，同样可存储在某个表中。

（5）假设 RANDOM2(j)的值，利用这一假设值和 $\varDelta(i)$、$\varDelta(i+1)\cdots$，计算 RANDOM2[$j+\varDelta(i)$]、RANDOM2[$j+\varDelta(i)+\varDelta(i+1)$]…；再利用计算出的值及明密文进行模 2 加的结果计算 RANDOM2(k)、RANDOM2[$k+\delta(i)$]…；与已知序列 $\delta(i)$、$\delta(i+1)\cdots$进行比较，如果结果符合，则 RANDOM2(j)和 RANDOM2(k)就找到了；如果不符合，则重新假设 RANDOM2(j)。函数 RANDOM2 的周期是 32768。因此，这一步应尽可能做得快一些。一般来说，仅通过计算 δ 的一个值即可验证 RANDOM2(j)值的假设是否正确。同时，若步骤（3）中的结果不唯一，亦可利用 δ 序列进行否定。

（6）利用 RANDOM1(i)和 i 计算 SEED1 的值。

（7）利用 RANDOM1(i)和 i 计算 SEED2 的值。

（8）利用 RANDOM2(j)和 j 计算 SEED1 的值。

（9）利用 RANDOM2(j)和 j 计算 SEED2 的值。

总之，双重加密增加了破译难度：一是对明文数量的要求明显增加；二是在时间和空间方面的条件更加苛刻。然而，尽管该体制的密钥长度比目前 DES 体制所使用的 56 bit 还要长，但仍不能算是一个“好”的体制。

RANDOM1 和 RANDOM2 具有相当好的随机特性，但是，MacLaren-Marsaglia 算法作为密码体制的根本弱点在于两个本来应该合为一体的伪随机数发生器的作用可以分而治之、各个击破。对发生器进行某种程度的改进可能会消除上述矛盾，但也可能产生新的矛盾。

据悉，MacLaren-Marsaglia 算法除作为软件加密体制外，还被某些商用密码机所采用。本节可以证明，这类设备的安全性确实令人担忧。

8.2.5　破译实例

设已知密文… 29400 11661 7238 25666 16219 …，通过其他信息获悉上述密文中的数字对应的明文是 PROCEDURE，可按以下步骤计算密钥。

（1）明文和密文进行模 2 加，得出 RANDOM3 序列。

PR → 20562 XOR 29400 = 8842

OC → 20291 XOR 11661 = 25294

ED → 17732 XOR 7238 = 22786

UR → 21842 XOR 25666 = 12560

E → 17696 XOR 16219 = 31355

（2）由于 RANDOM3 的值均由 RANDOM2 在某拍产生，故可设：

RANDOM2(j)= 8842

RANDOM2[$j+\Delta(i)$]= 25294

RANDOM2[$j+\Delta(i)+\Delta(i+1)$]= 22786

RANDOM2[$j+\Delta(i)+\Delta(i+1)+\Delta(i+2)$]= 12560

RANDOM2[$j+\Delta(i)+\Delta(i+1)+\Delta(i+2)+\Delta(i+3)$]= 31355

（3）假设起点并计算由 RANDOM2 序列产生的上述值之间的节拍差。本例中设 0 为起点，并假设在 RANDOM2 序列中，从起点 0 经过 T_2 个循环后才达到 SEED2。利用 8.2.2 节中定义的 R2INVERSE 函数计算出下述值：

$j=27994-T_2$

$j+\Delta(i)=27838-T_2$

$j+\Delta(i)+\Delta(i+1)=28050-T_2$

$j+\Delta(i)+\Delta(i+1)+\Delta(i+2)=28048-T_2$

$j+\Delta(i)+\Delta(i+1)+\Delta(i+2)+\Delta(i+3)=28051-T_2$

依次相减，可得到 Δ 序列的 4 个值：

$\Delta(i) = -156$

$\Delta(i+1) = 212$

$\Delta(i+2) = -2$

$\Delta(i+3) = 3$

上述值中没有大于 2787 的，因此这一步不能否定，继续下一步。

（4） 利用前步得出的差搜索 Δ 序列。下面是部分 RANDOM1 序列和 Δ 序列中的符合值以及通过表所获知的延迟（其中，T_1 是 RANDOM1 序列中 SEED1 以 0 为起点的循环排数）。

T	RANDOM1(t)	mod 257	$\Delta(t)$	表的延迟($i-j$)
$15176-T_1$	43622	189	17	71
$15177-T_1$	49800	199	−156	55
$15178-T_1$	14383	248	212	212
$15179-T_1$	28775	249	−2	1
$15180-T_1$	33342	189	3	4
$15181-T_1$	4360	248	−83	2

注意：当 $t=15177-t_1$ 时，可找到符合值。

（5） 根据文件长度可知，初始循环数为 5001，因此 $i=5001$。通过步骤（4）可知 $i-j=55$，因此 $j=5001-55=4946$。

（6）已知 $i=5001$，RANDOM1(i)=49800。可利用条件前推 5001 个节拍或后推 59049−5001=54048 个节拍求出 RANDOM1(0)。利用 8.2.2 节中给出的函数 R2VALUE(49800, 54048)求出 RANDOM1(0)=123，即 SEED1=123。

（7）已知 $j=4946$，RANDOM2(j)=8842。可利用条件前推 4946 个节拍或后推 32768−4946=27822 个节拍求出 RANDOM2(0)。利用 8.2.2 节中给出的函数 R2VALUE (8842,27822)求出 RANDOM2(0)=456，即 SEED2=456。

8.2.6 相关公式推导

定义

$$X_{n+1}=(aX_n+b) \bmod m \tag{8-13}$$

且 $X_0=0$。

（1）

$$X_n=\sum_{i=0}^{n-1} a^i b \bmod m \tag{8-14}$$

证明：由式（8-13）可知

$$\begin{aligned} X_n &= (aX_{n-1}+b) \bmod m \\ &= [a(aX_{n-2}+b)+b] \bmod m \\ &= \cdots = \\ &= (a^{n-1}X_{n-(n-1)}+a^{n-2}b+\cdots+a^2b+ab+b) \bmod m \end{aligned}$$

由 $X_0=0$ 可知 $X_1=b$，于是

$$X_n = a^{n-1}b+a^{n-2}b+\cdots+a^2b+ab+b = b\sum_{i=0}^{n-1}a^ib \bmod m$$

（2）

$$X_{n+j}-X_n = \sum_{i=n}^{n+j-1}a^ib \bmod m \tag{8-15}$$

证明：由式（8-14）可知

$$X_{n+j}-X_n = b\sum_{i=0}^{n+j-1}a^i - b\sum_{i=0}^{n-1}a^i = b\left(\sum_{i=0}^{n+j-1}a^i - \sum_{i=0}^{n-1}a^i\right) = b\sum_{i=n}^{n+j-1}a^i \bmod m$$

（3）

$$X_{n+j} = X_n + a^nX_j \bmod m \tag{8-16}$$

证明：由式（8-15）可知

$$\begin{aligned} X_{n+j} &= X_n + \sum_{i=n}^{n+j-1}a^ib = X_n + (a^nb+a^{n+1}b+\cdots+a^{n+j-1}b) \\ &= X_n + a^n(b+ab+\cdots+a^{j-1}b) = X_n + a^n\sum_{i=0}^{j-1}a^ib \bmod m \end{aligned}$$

又由式（8-14）可知 $\sum_{i=0}^{j-1}a^ib = X_j$，故式（8-16）得证。

（4）

$$X_{2^i} = \sum_{j=0}^{2^i-1}a^jb = b(a^0+a^1+\cdots+a^{2^i-2}+a^{2^i-1}) = b\frac{a^{2^i}-1}{a-1} \bmod m \tag{8-17}$$

证明：第一个等号可由式（8-14）得出，第三个等号由等比数列（公比为 a）的性质得出。

（5）　$X_{2^i}=b(2k+1)2^i \bmod m$（对某个整数 k 而言）　（8-18）

证明：由于 $a(\mathrm{mod}\ 4)=1$，故可令 $a=4k+1$，代入式（8-17）可得

$$b\frac{a^{2^i}-1}{a-1}=b\frac{(4k+1)^{2i}-1}{4k+1-1}=b\frac{C_{2^i}^{2^i}(4k)^{2^i}+C_{2^i}^{2^i-1}(4k)^{2^i-1}+\cdots+C_{2^i}^{1}(4k)+1-1}{4k}$$
$$=b[C_{2^i}^{2^i}(4k)^{2^i-1}+C_{2^i}^{2^i-1}(4k)^{2^i-2}+C_{2^i}^{1}]$$

上式括号中除首项外，每项均有公因子 2^i，而首项

$$(4k)^{2^i-1}=4^{2^i-1}k^{2^i-1}=2^{2(2^i-1)}k^{2^i-1}$$

由于 $2(2^i-1)\geqslant i$（$i=0,1,2\cdots$），因此 4^{2^i-1} 中一定有 2^i 因子，由此式（8-18）得证。

（6）令 $I=2^i$、$J=2^j$，其中 $i<j$，则 $X_{I+J}=X(i)+a(i)X(j) \bmod m$，且 X_{I+J} 的最低有效位与 $X(i)$的最低有效位一样。

证明：由式（8-14）可知

$$X_{I+J}=X_{2^i+2^j}=\sum_{k=0}^{2^i+2^j-1}a^k b=b\frac{a^{2^i+2^j}-1}{a-1}$$

仿照式（8-17）的证明可知

$$X_{2^i+2^j}=b(2k+1)(2^i+2^j) \bmod m \text{（对某个整数 } k\text{）}$$

由于 $i<j$，故 $2^i+2^j=2^i(1+2^{j-1})$，于是有

$$X_{2^i+2^j}=b(2k+1)(1+2^{j-1})2^i \bmod m \text{（对某个整数 } k\text{）}$$

即 X_{I+J} 的最低有效位与 $X(i)$的最低有效位是一样的。

第9章

密码分析方法探讨

9.1 二元域上含错线性方程组的解法及一些问题

本节针对二元域上含错线性方程组的解法及一些问题进行探讨，首先给出了二元域上含错线性方程组和概率唯一解的定义，然后给出了一个结果，说明含有 n 个变元、m 个方程的二元域上含错线性方程组，当 n 给定时，需要多大的 m 方程组可以求解。

本节重点研究研究二元域上含错线性方程组的解法，作为解法的理论准备，给出了 5 个引理。接着分析求解二元域上含错线性方程组的基本思想：即为了防止“错误扩散”，应避免利用含错方程组中的错误方程，进而给出求解二元域上含错方程组的两个方法，并对这两个方法进行可比较。

9.1.1 二元域上含错线性方程组和概率唯一解的相关定义

定义 9-1

给定含有 n 个变元、m 个方程的二元域上的线性方程组

$$\begin{cases} a_{11}x_1 + a_{12}x_2 + \cdots + a_{1n}x_n = b_1 + y_1 \\ a_{21}x_1 + a_{22}x_2 + \cdots + a_{2n}x_n = b_2 + y_2 \\ \cdots \\ a_{m1}x_1 + a_{m2}x_2 + \cdots + a_{mn}x_n = b_m + y_m \end{cases} \tag{9-1}$$

对于其中第 i 个方程，当 $y_i=0$ 时，方程 i 成立（$i=1,\cdots,m$）。所谓含错线性方程组的含义是指部分方程的 $y_i=1$（$i=1,\cdots,m$）。

为了讨论问题方便，统一假定 y_i（$i=1,\cdots,m$）中有 75%的 0，25%的 1。

同样，为了讨论问题方便，统一假定 $m \gg n$。从下面的分析可以看出这个条件必要性不大。m 主要与方程组，即式（9-1）对应系数矩阵的秩及检验解的正确与否有关，对于求解式（9-1）给出的方程组而言，关键不是 m。

上述定义等价于：对于式（9-1）给出的方程组而言，每一个方程是正确的概率为 75%。

定义 9-2

给定 n 维向量（$k_1,\cdots,k_n$），$k_j \in GF(2)$，$j=1,\cdots,n$。用 k_j 代替式（9-1）给出的方程组中的

x_j，使得 m 个方程中有 75%以上的方程成立，则称（$k_1,\cdots,k_n$）为式（9-1）给出的方程组的一个概率解；若仅有一个，则称为概率唯一解。

由上述两个定义可知，对于二元域上含错方程组，需要解决两个问题：

- 给定 n，需要多大的 m，方程组可以求概率唯一解。
- 如何求解方程组，亦即如何求方程组的概率唯一解集合。

结论 9-1

对于含错线性方程组：

（1）当 $m \geqslant [2^{n-1}\times 100/75]+1$ 时，方程组中正确方程对应系数矩阵的秩为 n。

（2）当方程组中的方程个数 $m \geqslant \lfloor n\times 100/75 \rfloor +1$，且方程组对应系数矩阵的秩为 n 时，方程组即可求出概率唯一解。

其中，$\lfloor d \rfloor$表示不大于 d 的最大整数。

证明：首先证明（1）。

①从概率角度分析，式（9-1）给出的方程组中正确方程的个数为 $75\%\times m$。

②对 $n-1$ 个线性无关方程进行（除系数为全“0”）线性组合，共可得到 $C_{n-1}^1+\cdots+C_{n-1}^{n-1}=2^{n-1}-1$ 个方程。

③这说明当正确方程的个数大于或等于 2^{n-1} 时，则正确方程不可能由 $n-1$ 个线性无关的方程生成，即正确方程所构成的方程组对应系数矩阵的秩从概率角度分析为 n，也就是

$$75\% m \geqslant 2^{n-1}$$

$$m \geqslant 2^{n-1}\times 100/75$$

因为 m 是个正整数，为了表达方便，用记号 $m \geqslant \lfloor 2^{n-1}\times 100/75 \rfloor +1$ 表示。

接着证明（2）。

从组合数定义可知 $C_{75\%\times m}^n$ 中的 $75\%\times m$ 为正整数，且 $75\%\times m \geqslant n$。

由 $75\%\times m \geqslant n \Rightarrow m \geqslant n\times 100/75$，即当 $m \geqslant n\times 100/75$ 时，式（9-1）给出的方程组中正确方程的个数为 $75\%\times m$，即大于或等于 n。这时即可利用式（9-1）给出的方程组中正确方程所构成的方程组求解方程组。

当 $75\%\times m=n$ 时，这时已经满足由式（9-1）给出的方程组的正确方程个数等于 n，因此从理论上讲，可以利用这个仅由正确方程所构成的方程组求解式（9-1）给出的方程组，求出的解显然满足式（9-1）给出的方程组中的 75%的方程。

一般来说，这时求出的解可能不止一个，因为只含有 n 个正确方程组成的方程组对应系数矩阵的秩不一定是 n。但因条件要求式（9-1）给出的方程组的系数矩阵的秩为 n，故由 n 个正确方程所构成的方程组系数矩阵的秩也不会太小，即求出的基础解系不会太大。

同样，因为 m 是正整数，为表达方便，用记号 $m \geqslant \lfloor n\times 100/75 \rfloor +1$ 表示。

证毕。

结论 9-1 回答了前面提出的第一个问题，即当 n 给定时，需要多大的 m 时，式（9-1）给出的方程组可以求解。但这个结论只是从理论上分析了 n 给定时 m 的情况，没有给出具体的求解方法。

引理 9-1

从式（9-1）给出的方程组中任意抽取 l 个方程构成一个方程组，则由这 l 个方程构成的方程组的系数矩阵的秩 $r \geqslant i+1$，其中 $l=2^i+k$，$k=0,\cdots,2^i-1$，$l \leqslant n$。

证明：首先，任意的正整数 l 均可表成为 2^i+k，$k=0,\cdots,2^i-1$。

用反证法证明上述引理。

假定抽取 l 个方程构成一个方程组，$l=2^i+k$，$k=0,\cdots,2^i-1$。而这个方程组的系数矩阵的秩 $r \leqslant i$，亦即这个方程组至多含有 i 个线性无关的方程。假定这个方程组确含有 i 个线性无关的方程，则可以对这 i 个线性无关的方程（除系数为全“0”）进行线性组合，共得到 $C_i^1+C_i^2+\cdots+C_i^i=2^i-1$ 个方程，而显然 $2^i-1<l=2^i+k$，$k=0,\cdots,2^i-1$，相互矛盾。故含有 l 个方程的方程组的系数矩阵的秩 r 必然满足 $r \geqslant i+1$，其中 $l=2^i+k$，$k=0,\cdots,2^i-1$；$l \leqslant n$。

证毕。

引理 9-1 给出了从 m 个方程中任意抽取 l 个方程所构成的方程组的系数矩阵的秩 r 的下界，r 的上界显然是 l。

特例 1：从 m 个方程中任意抽取 n 个方程构成一个方程组，则这个方程组的系数矩阵的秩 $r \geqslant i+1$，其中 $n=2^i+k$，$k=0,\cdots,2^i-1$。

引理 9-2

给定 n，令 $m=2^n-1$，则从 m 个方程中任意抽取 l 个方程构成一个方程组，这个方程组系数矩阵的秩恰为 l 的概率为

$$P=\prod_{i=1}^{l}\left(\frac{2^n-2^{i-1}}{2^n-i}\right)$$

其中，$l \leqslant n$。

证明：

从 m 个方程中任意抽取 l 个方程构成一个方程组，这样共可得到 C_m^l 个方程组。由引理 9-1 可知，这些方程组系数矩阵的秩分别为 $r \geqslant i+1$，其中 $l=2^i+k$，$k=0,\cdots,2^i-1$。

若要求抽取的方程组的秩恰为 l 时，可以这样考虑：

（1）从 2^n-1 个方程中任意抽取一个方程，共有 $P_{2^n-1}^1$ 种抽取法，还剩余 2^n-2 个方程。

（2）从 2^n-2 个方程中任意抽取一个方程，共有 $P_{2^n-2}^1$ 种抽取法，还剩余 2^n-3 个方程。

（3）在剩余的 2^n-3 个方程中，有一个方程是前两个方程的线性组合，因此为保证抽取的

方程与前两个方程线性无关，只能从 2^n-4 个方程中抽取，共有 $P^1_{2^n-4}$ 种抽取法，还剩余 2^n-5 个方程。

以下依次类推。

（l）上一步（即 $l-1$ 步）还余下 $2^n-(2^{l-2}+1)$个方程，其中有 $2^{l-2}-1$ 个方程是前 $l-1$ 个方程（且必含有第 $l-1$ 个方程）的线性组合，因此为保证第 l 个方程与前面抽取出的 $l-1$ 个方程线性无关，则最后这一步的抽取量为 $P^1_{2^n-(2^{l-2}+1)-(2^{l-2}-1)}=P^1{}_{2^n-2^{l-1}}$。

因此抽取出的总量为

$$P^1_{2^n-1}\times P^1_{2^n-2}\times\cdots\times P^1_{2^n-2^l-1}P/l!$$

计算概率

$$\begin{aligned}P&=\frac{(2^n-1)(2^n-2)\cdots(2^n-2^{l-1})}{l!}\Big/C^l_{m=2^n-1}\\&=\frac{(2^n-1)(2^n-2)\cdots(2^n-2^{l-1})}{l!}\Big/\frac{P^l_{m=2^n-1}}{l!}\\&=\frac{(2^n-1)(2^n-2)\cdots(2^n-2^{l-1})}{P^l_{m=2^n-1}}\\&=\prod_{i=1}^{l}\left(\frac{2^n-2^{i-1}}{2^n-i}\right)\end{aligned}$$

证毕。

特例 2：给定 n，令 $m=2^n-1$，则从 m 个方程中任意抽取 n 个方程构成一个方程组，这个方程组系数矩阵恰为满秩的概率为

$$\prod_{i=1}^{n}\left(\frac{2^n-2^{i-1}}{2^n-i}\right)$$

特例 3：从 m 个方程中任意抽取两个方程构成一个方程组，这个方程组系数矩阵的秩为 2 的概率是 1。

$$\prod_{i=1}^{2}\left(\frac{2^n-2^{i-1}}{2^n-i}\right)=\left(\frac{2^n-2^{1-1}}{2^n-1}\right)\left(\frac{2^n-2^{2-1}}{2^n-2}\right)=1$$

这与实际分析的结果相一致，因为二元域上的任意两个含有 n 个变元、系数均不全为 0 且又不相同的方程一定是线性无关的。

引理 9-2 给出了从 m 个方程中任意抽取 l 个方程所构成的方程组系数矩阵的秩的概率。当 m 较大、但 $m<2^n-1$ 时，亦可根据大数法则，利用引理 9-2 近似地计算方程组系数矩阵的秩为 l 的概率。

利用引理 9-2 的证明思路，亦可以分别求出从 m 个方程中任意抽取 l 个方程所构成的方程组系数矩阵的秩为 $i+1,\cdots,l$ 的概率，其中 $l=2^i+k$，$k=0,\cdots,2^i-1$。

从公式

$$P=\prod_{i=1}^{l}\left(\frac{2^n-2^{i-1}}{2^n-i}\right)$$

可以看出 $l=n$ 且 $n\to+\infty$ 时，这个概率值趋于 0，但收敛速度很慢。当 $40\leqslant n\leqslant 60$ 时（一般的变元个数），概率值可近似地取 $P=0.2887880951$。

引理 9-3

从 m 个方程中任意抽取 l 个方程构成一个方程组，且这 l 个方程均为正确的方程，这样抽取的方程组的概率当 m 不断增大时，将趋于某一个极限值。

证明：

由条件可知，证明上述引理 9-3 就是证明当 $m\to+\infty$ 时，有 $C_{\lfloor 75\%m\rfloor}^{l}/C_m^l\to k$。

$$l\leqslant\lfloor 75\%m\rfloor$$

因为

$$C_{\lfloor 75\%m\rfloor}^{l}/C_m^l=\frac{\lfloor 75\%m\rfloor(\lfloor 75\%m\rfloor-1)\cdots(\lfloor 75\%m\rfloor-l+1)}{m(m-1)\cdots(m-l+1)}$$

故不失一般性，可以定义一个在区间[[4/3l]，$+\infty$)上的连续函数

$$f(m)=\frac{75\%m(75\%m-1)\cdots(75\%m-l+1)}{m(m-1)\cdots(m-l+1)}$$

并求当 m 趋于正无穷大时，这个连续函数的极限值，即

$$\begin{aligned}
\lim_{m\to+\infty}f(m)&=\lim_{m\to+\infty}\frac{75\%m(75\%m-1)\cdots(75\%m-l+1)}{m(m-1)\cdots(m-l+1)}\\
&=\lim_{m\to+\infty}\left(\frac{75}{100}\right)^l\frac{m(m-4/3)\cdots(m-4/3l+4/3)}{m(m-1)\cdots(m-l+1)}\\
&=\left(\frac{75}{100}\right)^l\lim_{m\to+\infty}\frac{m^l+a_1m^{l-1}+\cdots+a_{l-1}m}{m(m-1)\cdots(m-l+1)}\\
&=\left(\frac{75}{100}\right)^l\lim_{m\to+\infty}\left\{\frac{m^l}{m(m-1)\cdots(m-l+1)}+\cdots+\lim_{m\to+\infty}\frac{a_{l-1}m}{m(m-1)\cdots(m-l+1)}\right\}\\
&=\left(\frac{75}{100}\right)^l\lim_{m\to+\infty}\left\{\frac{1}{\frac{m(m-1)\cdots(m-l+1)}{m^l}}+\cdots+\lim_{m\to+\infty}\frac{1}{\frac{m(m-1)\cdots(m-l+1)}{a_{l-1}m}}\right\}\\
&=\left(\frac{75}{100}\right)^l
\end{aligned}$$

因为大括号中第一项的极限值为 1，其余后面各项分母都趋于无穷大，故极限值为 0。

当 m 不是连续变量时，上述结论也对。上面的证明过程同时也给出了概率值 k 的求法。

证毕。

上述引理指出如下三个事实。

从公式 $m\to+\infty$、$C^l_{\lfloor 75\%m \rfloor}/C^l_m \Rightarrow k=(75/100)^l$ 分析可知：

（1）一般说，概率值 k=$(75/100)^l$ 与 m 有关，但当 m 取到一定量时，概率值 k 即可接近于极限值；当 m 再增大时，概率值 k 只有微弱地增加。这说明对于求解式（9-1）给出的含错线性方程组而言，当 m 值达到某一个数量时，对于解方程来说就足够了，并不是 m 值越大越好，这反而会带来其他方面的问题。

（2）概率值 k 与式（9-1）给出的含错线性方程组的含真率（含正确方程的比率）有关。从上述分析可知，k=$(75/100)^l$，当含真率增大时，概率值亦增大。这点说明对于求解式（9-1）给出的含错线性方程组来说，提高方程组的含真率是一个关键。

（3）概率值 k 与抽取个数 l 有关。同样由于 k=$(75/100)^l$ 中当 l 增大时，由于含真率是一个纯小数，故概率值 k 将减小。这点说明，为保证概率值 k 达到一定量，l 是必须要考虑的一个重要因素。

上述后两个事实直接给出了求解含错线性方程组的一个入手点。

引理 9-4

函数 $f(m)$=$C^l_{\lfloor 75\%\times m \rfloor}/C^l_m$（$\lfloor (4/3)\cdot l \rfloor \leqslant m \leqslant 2^n-1$，且 m 为正整数）是单调增函数，这个函数有最大值，而且

$$\mathrm{Max}\{f(m)\}=f(2^n-1)=C^l_{\lfloor 75\%2^n-1 \rfloor}/C^l_{2^n-1}$$

证明：

只需证明 $f(m)$是单调增函数即可。

先证明对于两个定义域相同、值域为$(0,a)$和$(0,b)$，且 a、b>0 的单调增函数 $f(x)$和 $g(x)$，则 $f(x)g(x)$也是单调增函数。

因为 $f(x)$、$g(x)$是单调增函数，故 $\forall x_2>x_1, x_1$、$x_2\in\{$函数的定义域$\}$，有

$$f(x_2)>f(x_1)、g(x_2)>g(x_1)$$

$$f(x_2)g(x_2)>f(x_1)g(x_1)$$

即 $f(x)g(x)$也是单调增函数。

再用反证法证明引理 9-4。

取 l=2 时，$\lfloor (4/3)\cdot l \rfloor=2\leqslant m\leqslant 2^n-1$。

$$\frac{C^2_{75\%m}}{C^2_m}=\frac{75\%m(75\%m-1)}{m(m-1)}=\left\{\frac{75}{100}\right\}^2\left\{\frac{m-4/3}{m-1}\right\}=\left\{\frac{75}{100}\right\}^2\left\{1-\frac{1}{3(m-1)}\right\}$$

对于任意的 $m_2>m_1$，$m_1,m_2\in$ {函数的定义域}，有

$$m_2-1>m_1-1$$

$$1/(m_2-1)<1/(m_1-1)$$

$$1/[3(m_2-1)]<1/[3(m_1-1)]$$

$$1-1/[3(m_2-1)]>1-1/[3(m_1-1)]$$

$$(75/100)^2\{1-1/[3(m_2-1)]\}>(75/100)^2\{1-1/[3(m_1-1)]\}$$

假定对于 $l-1$，$\lfloor (4/3)\cdot(l-1)\rfloor \leqslant m \leqslant 2^n-1$，引理 4 结论成立。在 l 时，$\lfloor (4/3)\cdot l\rfloor \leqslant m \leqslant 2^n-1$。

$$\begin{aligned}\frac{C_{75\%m}^{l}}{C_m^l}&=\frac{75\%m(75\%m-1)\cdots(75\%m-l+1)}{m(m-1)\cdots(m-l+1)}\\&=\left\{\frac{75\%m(75\%m-1)\cdots(75\%m-l+2)}{m(m-1)\cdots(m-l+2)}\right\}\left\{\frac{75\%m-l+1}{m-l+1}\right\}\\&=\left\{\frac{75\%m(75\%m-1)\cdots(75\%m-l+2)}{m(m-1)\cdots(m-l+2)}\right\}\left\{\left(\frac{75\%}{100}\right)\left(1-\frac{l-1}{3(m-l+1)}\right)\right\}\end{aligned}$$

第一个花括号中的函数由归纳假设是个单调增函数，而第二个花括号中的函数可以证明是单调增函数。

对于任意的 $m_2>m_1$，m_1、$m_2\in$ {函数的定义域}，有

$$m_2-l+1>m_1-l+1$$

$$1/(m_2-l+1)<1/(m_1-l+1)$$

$$(l-1)/[3(m_2-l+1)]<(l-1)/[3(m_1-l+1)]$$

注意 $l-1<3(m_i-l+1)$，有

$$1-(l-1)/[3(m_2-l+1)]>1-(l-1)/[3(m_1-l+1)]$$

$$\left(\frac{75}{100}\right)\left(1-\frac{l-1}{3(m_2-l+1)}\right)>\left(\frac{75}{100}\right)\left(1-\frac{l-1}{3(m_1-l+1)}\right)$$

前面已证两个单调增函数（两个函数的定义域相同）的乘积还是单调增函数。

证毕。

综合引理 9-3 和引理 9-4 可知，$\dfrac{C_{\lfloor 75\%m\rfloor}^{n}}{C_m^n}$ 是有界函数。

引理 9-5

给定 $q=0.09$，$n\geqslant1$，且 n 为正整数，则 $\forall\, m$，$\lfloor (4/3)n\rfloor \leqslant m \leqslant 2^n-1$，且 m 为正整数，一定存在 $a>1$，使得

$$\frac{\lg(q)}{\lg\left\{1-\prod_{i=1}^{n}\left(\frac{2^n-2^{i-1}}{2^n-i}\right)\left(\frac{C_{\lfloor 75\%m \rfloor}^{n}}{C_m^n}\right)\right\}}>a^n \tag{9-2}$$

$$\frac{\lg(q)}{\lg\left\{1-\prod_{i=1}^{n}\left(\frac{C_{\lfloor 75\%m \rfloor}^{2^l}}{C_m^{2^l}}\right)\right\}}>a^n,\qquad l=\lfloor (n-1)/2 \rfloor \tag{9-3}$$

证明：

$$\begin{aligned}
&\frac{\lg(q)}{\lg\left\{1-\prod_{i=1}^{n}\left(\frac{2^n-2^{i-1}}{2^n-i}\right)\left(\frac{C_{\lfloor 75\%m \rfloor}^{n}}{C_m^n}\right)\right\}}\\
\geqslant&\frac{\lg(q)}{\lg\left\{1-\prod_{i=1}^{n}\left(\frac{2^n-2^{i-1}}{2^n-i}\right)\left(\frac{C_{\lfloor 75\%(2^n-1) \rfloor}^{n}}{C_{2^n-1}^n}\right)\right\}}\text{（根据引理 9-4）}\\
>&\frac{\lg(q)}{\lg\left\{1-\prod_{i=1}^{n}\left(\frac{2^n-2^{i-1}}{2^n-i}\right)\left(\frac{75}{100}\right)^n\right\}}\text{（根据引理 9-3）}\\
>&\frac{\lg(q)}{\lg\left\{1-\left(\frac{3}{4}\right)^n\right\}}\text{（根据引理 9-2）}\\
>&\frac{\lg(0.1)}{\lg\left\{1-\left(\frac{3}{4}\right)^n\right\}}
\end{aligned}$$

令 $\frac{\lg(0.1)}{\lg\left\{1-\left(\frac{3}{4}\right)^n\right\}}=a^n$，可得

$$\sqrt[n]{\frac{-1}{\lg\left\{1-\left(\frac{3}{4}\right)^n\right\}}}=a$$

$$\sqrt[n]{\frac{1}{-\lg\left\{1-\left(\frac{3}{4}\right)^n\right\}}}=a$$

证明：$0<-\lg\{1-(3/4)^n\}<1$。

（1）先证明 $0<-\lg\{1-(3/4)^n\}$。因为$(3/4)^n$是个纯小数，可知 $1-(3/4)^n$ 也是个纯小数，由此可得

$$\lg\left\{1-\left(\frac{3}{4}\right)^n\right\}<0$$

$$-\lg\left\{1-\left(\frac{3}{4}\right)^n\right\}>0$$

（2）再证明$-\lg\{1-(3/4)^n\}<1$。用反证法，假若：

$$-\lg\left\{1-\left(\frac{3}{4}\right)^n\right\}\geqslant 1$$

$$\lg\left\{1-\left(\frac{3}{4}\right)^n\right\}\leqslant -1$$

$$1-\left(\frac{3}{4}\right)^n\leqslant 0.1$$

$$-\left(\frac{3}{4}\right)^n\leqslant -0.9$$

$$\left(\frac{3}{4}\right)^n\geqslant 3$$

而这是不可能的。

因此，对于式（9-2）有 $a>1$。

证毕。

引理 9-5 说明，式（9-2）的值在 n 增大时大于一个底数 $a>1$ 的指数函数 a^n；式（9-3）也有类似结论，证明略。

式（9-2）和式（9-3）主要用于下面给出的求解二元域上含错线性方程组的方法 9-1 和方法 9-2 的时空复杂度分析。

9.1.2　求解二元域上含错线性方程组的方法

求解线性方程组时一般采用矩阵消元法。克拉默（Cramer）法则是研究线性方程组理论的一个重要方法，它揭示了方程组的系数、常数项以及方程组的解之间的关系。但是利用 Cramer 法则求解 n 元线性方程组时，一是当 n 较大时，求解的工程量将迅速增大；二是当方程组的秩小于 n 时，Cramer 法则将无用武之地。因此，求解线性方程组往往采用矩阵消元法。

但是求解含错线性方程组一般不能直接套用矩阵消元法，因为这将发生所谓的错误扩散，即以一个第 i 项系数不为 0 的错误方程为准，依次顺序消去其余各方程的第 i 项系数。由于错误方程的常数项与其余各方程的常数项进行了代数运算，必将使错误扩散，其结果很难预测。

因此求解含错线性方程组，应避免利用含错线性方程组中的错误方程。在这一基本思想指导下，下面将给出二元域上含错线性方程组的解法。

方法 9-1

从 m 个方程中抽取 n 个正确的方程构成一个方程组，且这个方程组的系数矩阵是满秩的，则可以利用抽取出的这个方程组求解方程组[见式（9-1）]。

这个求解方法比较直观，但要求式（9-1）给出的方程组中的正确方程所构成的方程组系数矩阵的秩是 n。

下面计算这个方法所需要的工程量。

命题 9-1

利用方法 9-1 求解式（9-1）给出的二元域上含错线性方程组时，当 q 给定时，则需要求解的含有 n 个变元的方程组的量 k 为：

$$k \geqslant \frac{\lg(q^*)}{\lg\left\{1-\prod_{i=1}^{n}\left(\frac{2^n-2^{i-1}}{2n-i}\right)\left(\frac{C_{\lfloor 75\%m\rfloor}^n}{C_m^n}\right)\right\}} \tag{9-4}$$

证明：

首先建立方法 9-1 的一个概率模型。方法 9-1 的实质是：给定 $N=C_m^n$ 个方程组，其中 $M=C_{\lfloor 75\%m\rfloor}^n$ 个方程组是正确方程组（由正确方程构成且满秩的方程组），从 N 个方程组中抽取 L 个方程组进行检验，L 个方程组中有一个以上的方程组为正确方程组的概率。

如果能够做到抽样不返回，则可能出现的正确方程组的个数服从超几何分布：

$$P\{\xi=l\}=\frac{C_M^l\cdot C_N^{L-1}}{C_N^L},\qquad l=0,1,\cdots,L$$

但是出于两方面原因，将上述问题作为有返回抽样处理：一是采用随机抽取的方法，难以做到不返回抽样；二是当 N 较大时，在返回抽样和在不返回抽样下算得的概率相差甚微，因此把 N 较大的不返回抽样作为返回抽样处理，这给计算上带来了很大的方便。

因此，方法 9-1 的实质就归结为：在相同条件下进行 L 次独立实验，每次试验只有两种可能的结果。因此，这 L 次试验就构成了一个 **L 次独立试验（伯努利试验，Benoulli 实验）概型**。如果把每次试验的结果记为 A（检验的方程组为正确方程组）和 $\overline{A}$（检验的方程组为错误方程组），并记 $P\{A\}=p$、$P\{\bar{A}\}=q$，那么在 L 次试验中，事件 A 出现的次数 ξ（这是个随机变量）服从**二项分布**：

$$P\{\xi=l\}=C_L^l\cdot p^l\cdot q^{L-l},\qquad l=0,1,\cdots,L$$

式中，$q=1-p$。

方法 9-1 要求试验次数 L 中至少有一次检验的方程组是正确方程组，而由

$$P\{\xi=l\}=C_L^l\cdot p^l\cdot q^{L-l},\qquad l=0,1,\cdots,L$$

可知，当 L 次试验中所有的方程组都不是正确方程组的概率是

$$P\{\xi=0\}=C_L^0\cdot p^0\cdot q^{L-0}=q^L$$

由二项分布的性质可知，L 次试验中至少有一次检验的方程组是正确方程组的概率为

$$1-P\{\xi=0\}=1-q^L$$

要求 $q^L\leqslant q^*$，可知

$$L\geqslant \lg q^*/\lg q$$

代入 q 值，可知

$$q=1-p=1-\prod_{i=1}^{n}\left(\frac{2^n-2^{i-1}}{2^n-i}\right)\left(\frac{C_{\lfloor 75\%m\rfloor}^n}{C_m^n}\right)$$

$$L\geqslant\frac{\lg(q^*)}{\lg\left\{1-\prod_{i=1}^{n}\left(\frac{2^n-2^{i-1}}{2^n-i}\right)\left(\frac{C_{\lfloor 75\%m\rfloor}^n}{C_m^n}\right)\right\}}$$

这正是式（9-4）。

证毕。

命题 9-1 说明当利用方法 9-1 求解式（9-1）给出的方程组时，求解 $k\geqslant\lg q^*/\lg q$ 个方程组后，就有 $100(1-q)\%$的把握认为其中有一个是正确方程组。但从直观上可以认为并不一定必须要解 k 个方程组，而是平均解 $k/2$ 个方程组就可能遇到一个正确方程组。下面从概率的角度证明这个直观的结论。

命题 9-2

利用方法 9-1 求式（9-1）给出的解方程组时，当 q^*给定时，则需求解的含有 n 个变元的方程组的平均量为

$$v\leqslant(L+1)/2$$

证明：

在命题 9-1 的证明中已经建立了方法 9-1 的概率模型。假定在 L 个方程组中只有 1 个方

程组是正确方程组，则这 L 个方程组中的每一个被随机抽取到的概率为 $1/L$，用二项分布表示这个结果就是：

$\xi = x_i$	1, ⋯, L
$P(\xi = x_i)$	$1/L,\cdots,1/L$

可知

$$E(X)=\sum_{i=1}^{L}\frac{i}{L}=\frac{L(L+1)}{2L}=\frac{L+1}{2}$$

因为假定 L 个方程组中只有一个方程组是正确方程组，当 L 个方程组中有多于一个的方程组是正确方程组时，则有

$$v \leqslant (L+1)/2$$

注意：在命题 2 中假定 L 是固定的。

证毕。

方法 9-2

给出方法 9-2 之前，先给出子过程和过程的概念。

从 m 个方程中任意抽取出两个方程，记为 i_1、i_2。由引理 2 可知这两个方程一定是线性无关的。假定第 i_k 个方程的第 j_k 项系数不为 0，k=1,2，$i_k \in \{1,\cdots,m\}$，$j_k \in \{1,\cdots,n\}$，则以这两个方程为准，依次顺序消去剩余的 $m-2$ 个方程的第 j_k 项系数。

以上程序称为一个子过程。若任意抽取出的两个方程是正确的方程，则称这个子过程为正确子过程；反之，则称为错误子过程。

m 个方程经过一次子过程处理后，则使式（9-1）给出的方程组中的方程个数减少 2 个，变元个数也减少 2 个。对剩余的 $m-2$ 个方程亦可经过子过程处理。这样每层子过程又嵌套了一个子过程。这样重复 $l=(n-1)/2$ 层子过程处理后，剩余的方程构成的方程组只含有 1 个或 2 个变元。解出这 1 个或 2 个变元，再反方向依前次的解分别解出每一层子过程的 2 个变元，最后可求出式（9-1）给出的方程组的一个解（一般不是概率唯一解）。

以上程序称为一个过程。若一个过程中的所有子过程均为正确子过程，则称这个过程是正确过程；反之，则称为错误过程。

方法 9-2 的基本思想是：对式（9-1）给出的方程组进行多次过程处理，其中有一次是正确过程处理。在这次正确过程处理中，因为在每一层子过程中均抽取两个正确方程，并以此为准，因此不产生错误扩散问题，所以每一层子过程求出的解一定满足一定比例的方程，最终求出的解满足式（9-1）给出的方程组中的 75%以上的方程，即最终求出的解是式（9-1）给出的方程组的概率唯一解或概率唯一解集合。

下面分析当 n 给定时这个方法所要求的方程个数 m，以及给出每一子过程求出的解所应满

足的方程的比例，进而给出利用方法 9-2 求解式（9-1）给出的含错线性方程组所需的计算量。

（1）首先分析当 n 给定时方法 9-2 所要求的方程个数 m 的下界。

求 m 的下界的基本思想是：式（9-1）给出的方程组中方程个数 m 的大小必须能够保证识别从每一过程中求出的解是否式（9-1）给出的方程组的概率唯一解。

方法 9-2 由众多过程构成，所有过程的地位都是平等的，因此每一过程所要求的方程个数的下界，即方法 9-2 所要求的方程个数 m 的下界。

每一过程由众多层子过程构成，但不同层的子过程的地位是不平等的。利用方法 9-2 求解式（9-1）给出的含错线性方程组的根本依据是：若从某一正确过程的最后一层子过程中求出的 1 个或 2 个变元满足这一子过程中的 50%以上的方程；依次回代，每回代一层子过程，则又解出 2 个变元。比如第一次回代求出的 3 个或 4 个变元满足这一子过程中的比例大于 50%以上的方程；以此类推……回代到最初的一层子过程，则又解出 2 个变元，且求出式（9-1）给出的方程组的一个解，这个解满足这一子过程中的 75%以上的方程；则这个解是式（9-1）给出的方程组的一个概率唯一解。

因此式（9-1）给出的方程组中的方程个数 m 必须满足当某一过程的全部子过程均取两个正确方程为准，则这一过程的最末一层子过程求出的 1 个或 2 个变元满足这一子过程中的 50%以上的方程（其余子过程的情况是满足的比例越来越大，最终满足 75%以上的方程）。

显然，经过最后一层子过程后，就求出了最后的 1 个或 2 个变元。下面分 n 为奇数、偶数这两种情况分析。

①n 为奇数，最末一层子过程含有 1 个变元，含有 $m-(n-1)$个方程，其中正确方程的个数为 $75\%m-(n-1)$，由上面分析可知，m 应满足

$$75\%m-(n-1)>(1/2)[m-(n-1)]$$
$$m>4\cdot(n-1)/2$$

②n 为偶数，最末一层子过程含有 2 个变元，含有 $m-(n-2)$个方程，其中正确方程的个数为 $75\%m-(n-2)$，同样 m 应满足

$$75\%m-(n-2)>(1/2)[m-(n-2)]$$
$$m>4\cdot(n-2)/2$$

合在一起有

$$m>4\left\lfloor\frac{n-1}{2}\right\rfloor$$

这时求出的 m 即方法 9-2 所要求的方程个数 m 的下界。

（2）方法 9-1 的特点是先求出任意抽取出的 n 个方程构成的方程组的解之后，再代入式（9-1）给出的方程组中去验证所求出的解是否满足 75%以上的方程。方法 9-2 则无须先求出

式（9-1）给出的方程组的某个解，然后代入方程组中去验证，其特点是验证每一层子过程中求出的解是否满足一定比例的方程，当某一过程中的任意一层子过程所求出的解不满足该子过程中的一定比例的方程时，则无须回代下一个子过程，而可以直接否定这个过程。

前面已有结论：当对式（9-1）给出的方程组用正确过程处理时，在进行完第 $i-1$ 层子过程处理后，剩余的方程构成的方程组所含的变元个数为 $n-2(i-1)$，其中正确方程的个数为 $75\%m-2(i-1)$，方程的总量为 $m-2(i-1)$。

因此，假如求出了这 $n-2(i-1)$ 个变元，则这些变元代入到这一子过程中的 $m-2(i-1)$ 个方程中去时，应满足 $75\%m-2(i-1)$ 个方程。这就给出了当对式（9-1）给出的方程组用正确过程处理时，每一层子过程所求出的变元应满足这一子过程中的方程个数的比例，即

$$A=\frac{75\%m-2(i-1)}{m-2(i-1)},\quad i=1,\cdots,\left\lfloor\frac{n-1}{2}\right\rfloor$$

利用方法 9-2 求解式（9-1）给出的含错线性方程组时，在对方程组进行过程处理时，并不知道这一过程正确与否，但只要这一过程中的任一层子过程所求出的变元代入这一子过程中的方程里去，满足的方程比例达不到上式所给出的 A，则认为这个过程是错误过程，并对式（9-1）给出的方程组改用另一过程处理。

（3）计算方法 9-2 所需要的过程总量。假定某一过程是正确过程（其中每一层子过程均为正确子过程），可以按下面方法计算它的概率：

第一层子过程：从 m 个方程中任意抽取 2 个正确方程的概率为 $C_{75\%m}^{2}/C_{m}^{2}$。

第二层子过程：从 $m-2$ 个方程中任意抽取 2 个正确方程的概率为 $C_{75\%(m-2)}^{2}/C_{m-2}^{2}$。

……

第 l 层子过程：从 $m-2(l-1)$ 个方程中任意抽取 2 个正确方程的概率为 $C^{2}_{75\%\lfloor m-2(l-1)\rfloor}/C^{2}_{m-2(l-1)}$。

因此若某一过程包含 l 层子过程，则每一层子过程均为正确子过程的概率为

$$\begin{aligned}P(l)&=\frac{C_{75\%m}^{2}}{C_{m}^{2}}\cdot\frac{C_{75\%(m-2)}^{2}}{C_{m-2}^{2}}\cdot\cdots\cdot\frac{C_{75\%\lfloor m-2(l-1)\rfloor}^{2}}{C_{\lfloor m-2(l-1)\rfloor}^{2}}\\&=\frac{75\%m[75\%(m-1)]\cdots[75\%(m-2l+2)][75\%(m-2l+1)]}{m(m-1)\cdots(m-2l+2)(m-2l+1)}\end{aligned}$$

由前面分析可知，只需 $l=\lfloor(n-1)/2\rfloor$ 层子过程后，余下的方程构成的方程组就只含有 1 个或 2 个变元了，则无须再进行下去了。

综上，利用方法 9-2 求解式（9-1）给出的含错线性方程组，其中正确过程的概率为

$$P(l)=C_{75\%m}^{2l}/C_{m}^{2l}，其中 l=\lfloor(n-1)/2\rfloor$$

而错误过程的概率（只要某一过程中有一层子过程为错误子过程，则该过程为错误过程）为

$$q' = 1 - P(l) = 1 - C_{75\%m}^{2l} / C_m^{2l}, \qquad l = \lfloor (n-1)/2 \rfloor$$

假定进行了 w 次过程处理，因为每一次过程处理是一次独立试验，故 w 次过程均为错误过程的概率为

$$q = q'^w = [1 - P(l)]^w = (1 - C_{75\%m}^{2l} / C_m^{2l})^w$$

假定进行了 w 次过程处理后，$q \leqslant 0.09$，即

$$0.09 \geqslant q = (1 - C_{75\%m}^{2l} / C_m^{2l})^w$$

$$\lg 0.09 \geqslant w \cdot \lg(1 - C_{75\%m}^{2l} / C_m^{2l})$$

$$w \geqslant \frac{\lg 0.09}{\lg(1 - C_{75\%m}^{2l} / C_m^{2l})}, \quad l = \lfloor (n-1)/2 \rfloor \tag{9-5}$$

这里求出的 w 即方法 9-2 所要求计算的过程量。

式（9-4）给出的是方法 9-1 所需处理的含有 n 个变元、n 个方程的方程组的总量；式（9-5）给出的是方法 9-2 所需对式（9-1）给出的方程组进行过程处理的过程总量。

可以粗略估计方法 9-1 和方法 9-2 的主要计算量。

（1）方法 9-1 主要处理的对象是求解含有 n 个变元、n 个方程的方程组。

对于含有 n 个变元、n 个方程的方程组，先进行$(n-1)+(n-2)+\cdots+2+1$ 次向量处理，将方程组的系数矩阵化为上三角形式，再进行$(n-1)+(n-2)+\cdots+2+1$ 次向量处理，将方程组的系数矩阵化为单位矩阵，这样共进行了

$$2[(n-1)+(n-2)+\cdots+2+1] = 2\sum_{i=1}^{n-1} i = n(n-1)$$

次向量处理，并求出了方程组的一个解。

将这个解代入到式（9-1）给出的方程组中的 $m-n$ 个方程中去验证其是否满足式（9-1）给出的方程组中的 75%以上的方程，共进行了 $m-n$ 次向量处理。

故方法 9-1 中的计算量大约是

$$\begin{aligned} &[n(n-1)+(m-n)]\left\{\frac{\lg 0.09}{\lg\left(1-\prod_{i=1}^{n}\left(\frac{2^n-2^{i-1}}{2^n-i}\right)\frac{C_{75\%m}^n}{C_m^n}\right)}\right\} \\ &= (n^2-2n+m)\left\{\frac{\lg 0.09}{\lg\left(1-\prod_{i=1}^{n}\left(\frac{2^n-2^{i-1}}{2^n-i}\right)\frac{C_{75\%m}^n}{C_m^n}\right)}\right\} \end{aligned} \tag{9-6}$$

（2）方法 9-2 主要处理的对象是包含 $l=\lfloor (n-1)/2 \rfloor$ 层子过程的过程。

对于第 i 层子过程，需进行$(m-2i+1)+(m-2i)$次向量处理，以便消去 2 个变元。因此一个过程进行向量处理的次数为

$$\begin{aligned}
&\sum_{i=1}^{l=\lfloor (n-1)/2 \rfloor} \{(m-2i+1)+(m-2i)\} \\
&=(m-1)+(m-2)+\cdots+(m-2l+1)+(m-2l) \\
&=\{2l[(m-1)+(m-2l)]\}/2 \qquad (9\text{-}7) \\
&=l(2m-2l-1) \qquad [\text{粗略计算时取 } l=(n-1)/2] \\
&=[(n-1)/2](2m-n)
\end{aligned}$$

一般说 $n^2 \gg m$、$n^2 \gg 2n$，因此由式（9-6）可知，方法 9-1 主要与 n^2 有关；$nm \gg n^2$、$nm \gg kn$（k 为正整数），因此由式（9-7）可知，方法 9-2 主要与 nm 有关。

结束语：由引理 9-5 以及式（9-6）和式（9-7）可知，方法 9-1 和方法 9-2 的时间复杂度是指数量级的，当 n 较大时，现有的计算设备难于承受巨大的计算量，因此，应研究更好的算法，或者更深入地分析含错线性方程组的代数结构，以期揭示其更多的规律。

9.2 利用极大似然估计的方法还原前馈与序列

利用极大似然估计的方法还原前馈与序列的关键是建立前馈网络的概率模型，以便得出极大似然函数，之后的关键乃是计算问题，其实质是求解多元高次方程组。本节采用 Baum 算法解决这一问题。

9.2.1 问题的提出

设有 r 个线性反馈移存器，其多项式分别为 $f_i(x)$，并设 r 个线性反馈移存器的级数分别为 $r_i=\partial[f_i(x)]$。设 r 个线性反馈移存器的输出序列为 $\{x_{i_k}\}$，$i=1,\cdots,r$；$k=1,2\cdots$。

$g(x_1,\cdots,x_r)$是二元域上一个 r 元非线性函数，称序列$\{C_k\}=g(x_{1_k},\cdots,x_{r_k})$为前馈与序列（$k=1,2,\cdots$）。

以下探讨在已知$f_i(x)$、$g(x_1,\cdots,x_r)$以及$\{C_k\}$，$i=1,\cdots,r$；$k=1,2\cdots$的条件下，如何采用极大似然估计的方法还原$\{x_{i_k}\}$，其实质是还原 r 个级数分别为 r_i 的线性反馈移存器的初态。

从下面的讨论可知$\{C_k\}$是否连续对还原方法而言没有更多影响。为了讨论问题方便，统一假定$\{C_k\}$是连续的。同样为了讨论问题方便，下面将分别讨论与门序列、或门序列的还原问题。

9.2.2　与门序列的还原

设有两个线性反馈移存器，其多项式分别为 $f(x)$ 和 $g(y)$，级数分别为 m 和 n。记这两个线性反馈移存器的输出序列为 $\{x_k\}$ 和 $\{y_k\}$，k=1,2…。

令 $g(x,y)=xy$，称 $\{C_k\}=x_k y_k$ 为二端与序列，k=1,2…。

取 $r=\max\{m,n\}$，则根据递归关系可知，对于序列 $\{x_k\}$ 和 $\{y_k\}$ 中的任一分量 x_l 和 y_l（$l=r+1,r+2\cdots$），x_l 和 y_l 都可唯一地表示为

$$x_l=\sum_{i=1}^{m}a_{il}x_i,\ y_l=\sum_{j=1}^{n}b_{jl}y_j$$

注意：这里的 Σ 是模 2 加。以下的讨论中，模 2 加和实数加不加区别地都用“+”表示，读者不难由上下文的联系确定“+”究竟表示的是模 2 加还是实数加。

则可知

$$C_l=x_l y_l=\left(\sum_{i=1}^{m}a_{il}x_i\right)\left(\sum_{j=1}^{n}b_{jl}y_j\right)=\sum_{i=1}^{m}\sum_{j=1}^{n}a_{il}b_{jl}x_i y_j \tag{9-8}$$

设已知连续的 $\{C_k\}$ 序列的 $r+N$ 个分量，则由式（9-8）可知

$$\begin{cases}C_{r+1}=x_{r+1}y_{r+1}=\sum\limits_{i=1}^{m}\sum\limits_{j=1}^{n}a_{ir+1}b_{jr+1}x_i y_j\\ C_{r+2}=x_{r+2}y_{r+2}=\sum\limits_{i=1}^{m}\sum\limits_{j=1}^{n}a_{ir+2}b_{jr+2}x_i y_j\\ \cdots\\ C_{r+N}=x_{r+N}y_{r+N}=\sum\limits_{i=1}^{m}\sum\limits_{j=1}^{n}a_{ir+N}b_{jr+N}x_i y_j\end{cases} \tag{9-9}$$

这是一个多元高次方程组，其中变元个数为 $m+n$，次数为 2。

记 $Y=(x_1,\cdots,x_m,y_1,\cdots,y_n)$，$Y$ 的可能取值为离散集 F_2^{m+n} 中的一个点。记 $W=(x_1^*,\cdots,x_m^*,y_1^*,\cdots,y_n^*)$，其中

$$x_i^*=(x_i^0,x_i^1),\ x_i^0=P\{x_i=0\},\ x_i^1=P\{x_i=1\}$$
$$y_j^*=(y_j^0,y_j^1),\ y_j^0=P\{y_j=0\},\ y_j^1=P\{y_j=1\}$$

式中，$i=1,\cdots,m$；$j=1,\cdots,n$。

W 的可能取值为 $m+n$ 维长方体 D（这是个连续集）中的一个点。

用 W 表示 Y,于是求式（9-9）的问题就变为从 D 中的某个点出发，逐步逼近 D 中某个顶点 W，使得 W 所对应的 Y 满足式（9-9）中的所有方程。

把式（9-9）中的 N 个方程视为 N 次独立试验，定义离散型随机变量 ξ_l，事件$\{\xi_l=0\}$表示式（9-9）中的第 l 个等式成立，事件$\{\xi_l=1\}$表示式（9-9）中的第 l 个等式不成立，$l=r+1, r+2,\cdots,r+N$。显然有 $\xi_{r+1},\cdots,\xi_{r+N}$ 均为以 W 为参数的服从两点分布的随机变量（ξ_l 相互独立，且服从同一两点分布）。

设 $P_W(a_{il}b_{jl},0)$表示以 W 为参数时第 l 个等式右端为 0 的概率，$P_W(a_{il}b_{jl},1)$表示以 W 为参数时第 l 个等式右端为 1 的概率。

可以证明：

$$\begin{cases} P_W(a_{il}b_{jl},0)=\dfrac{1}{2^2}\left\{3+\prod_{i=1}^{m}(x_i^0-x_i^1)^{a_{il}}+\prod_{j=1}^{n}(y_j^0-y_j^1)^{b_{jl}}-\left(\prod_{i=1}^{m}(x_i^0-x_i^1)^{a_{il}}\right)\left(\prod_{j=1}^{n}(y_j^0-y_j^1)^{b_{jl}}\right)\right\} \\ P_W(a_{il}b_{jl},1)=\dfrac{1}{2^2}\left\{1-\prod_{i=1}^{m}(x_i^0-x_i^1)^{a_{il}}-\prod_{j=1}^{n}(y_j^0-y_j^1)^{b_{jl}}+\left(\prod_{i=1}^{m}(x_i^0-x_i^1)^{a_{il}}\right)\left(\prod_{j=1}^{n}(y_j^0-y_j^1)^{b_{jl}}\right)\right\} \\ \qquad =1-P_W(a_{il}b_{jl}0) \end{cases} \tag{9-10}$$

证明：由式（9-8）可知

$$\left(\sum_{i=1}^{m}a_{il}x_i\right)\left(\sum_{j=1}^{n}b_{jl}y_j\right)=\sum_{i=1}^{m}\sum_{j=1}^{n}a_{il}b_{jl}x_iy_j=1$$

$$\sum_{i=1}^{m}a_{il}x_i=1,\qquad \sum_{j=1}^{n}b_{jl}y_j=1$$

又 x_i、y_j 相互独立，$i=1,\cdots,m$；$j=1,\cdots,n$，故

$$\begin{aligned} P_W(a_{il}b_{jl},1)&=P\left(\sum_{i=1}^{m}\sum_{j=1}^{n}a_{il}b_{jl}x_iy_j=1\right) \\ &=P\left(\sum_{i=1}^{m}a_{il}x_i=1,\ \sum_{j=1}^{n}b_{jl}y_j=1\right) \\ &=P\left(\sum_{i=1}^{m}a_{il}x_i=1\right)P\left(\sum_{j=1}^{n}b_{jl}y_j=1\right) \\ &=\left\{\frac{1}{2}\left(1-\prod_{i=1}^{m}(x_i^0-x_i^1)^{a_{il}}\right)\right\}\left\{\frac{1}{2}\left(1-\prod_{j=1}^{n}(y_j^0-y_j^1)^{b_{jl}}\right)\right\} \\ &=\frac{1}{2^2}\left\{1-\prod_{i=1}^{m}(x_i^0-x_i^1)^{a_{il}}-\prod_{j=1}^{n}(y_j^0-y_j^1)^{b_{jl}}+\left(\prod_{i=1}^{m}(x_i^0-x_i^1)^{a_{il}}\right)\left(\prod_{j=1}^{n}(y_j^0-y_j^1)^{b_{jl}}\right)\right\} \end{aligned}$$

同理可证：

$$P_W(a_{il}b_{jl},0)=1-P_W(a_{il}b_{jl},1)$$
$$=\frac{1}{2^2}\left\{3+\prod_{i=1}^{m}(x_i^0-x_i^1)^{a_{il}}+\prod_{j=1}^{n}(y_j^0-y_j^1)^{b_{jl}}-\left(\prod_{i=1}^{m}(x_i^0-x_i^1)^{a_{il}}\right)\left(\prod_{j=1}^{n}(y_j^0-y_j^1)^{b_{jl}}\right)\right\}$$

通过以上讨论，可定义目标函数 $L(W)$以 W 为参数，式（9-9）所给出的 N 个方程成立的可能性。

$$L(W)=\prod_{l=r+1}^{r+N}L_l$$
$$L_l=P_W(a_{il}b_{jl},0)(1-C_l)+P_W(a_{il}b_{jl},1)C_l$$
$$=\frac{1}{2^2}\left\{2+(1-2C_l)\left[1+\prod_{i=1}^{m}(x_i^0-x_i^1)^{a_{il}}+\prod_{j=1}^{n}(y_j^0-y_j^1)^{b_{jl}}-\left(\prod_{i=1}^{m}(x_i^0-x_i^1)^{a_{il}}\right)\left(\prod_{j=1}^{n}(y_j^0-y_j^1)^{b_{jl}}\right)\right]\right\}$$

（9-11）

下面通过命题的形式给出式（9-11）的若干性质。

命题 9-3

式（9-11）是正系数多项式。

证明：

若 C_l=0，则式（9-11）变为

$$L_l=P_W(a_{il}b_{jl},0)$$
$$=P\left(\sum_{i=1}^{m}\sum_{j=1}^{n}a_{il}b_{jl}x_iy_j=0\right)$$
$$=P\left(\sum_{i=1}^{m}a_{il}x_i=0,\ \sum_{j=1}^{n}b_{jl}y_j=0\right)+P\left(\sum_{i=1}^{m}a_{il}x_i=0,\ \sum_{j=1}^{n}b_{jl}y_j=1\right)+$$
$$P\left(\sum_{i=1}^{m}a_{il}x_i=1,\ \sum_{j=1}^{n}b_{jl}y_j=0\right)$$
$$=P\left(\sum_{i=1}^{m}a_{il}x_i=0\right)P\left(\sum_{j=1}^{n}b_{jl}y_j=0\right)+P\left(\sum_{i=1}^{m}a_{il}x_i=0\right)P\left(\sum_{j=1}^{n}b_{jl}y_j=1\right)+$$
$$P\left(\sum_{i=1}^{m}a_{il}x_i=1\right)P\left(\sum_{j=1}^{n}b_{jl}y_j=0\right)$$
$$=\left\{\frac{1}{2}\left(1+\prod_{i=1}^{m}(x_i^0-x_i^1)^{a_{il}}\right)\right\}\left\{\frac{1}{2}\left(1+\prod_{j=1}^{n}(y_j^0-y_j^1)^{b_{jl}}\right)\right\}+$$

$$\left\{\frac{1}{2}\left(1+\prod_{i=1}^{m}(x_i^0-x_i^1)^{a_{il}}\right)\right\}\left\{\frac{1}{2}\left(1-\prod_{j=1}^{n}(y_j^0-y_j^1)^{b_{jl}}\right)\right\}+$$

$$\left\{\frac{1}{2}\left(1-\prod_{i=1}^{m}(x_i^0-x_i^1)^{a_{il}}\right)\right\}\left\{\frac{1}{2}\left(1+\prod_{j=1}^{n}(y_j^0-y_j^1)^{b_{jl}}\right)\right\}$$

$$=\left\{\frac{1}{2}\left(\prod_{i=1}^{m}(x_i^0+x_i^1)^{a_{il}}+\prod_{i=1}^{m}(x_i^0-x_i^1)^{a_{il}}\right)\right\}\left\{\frac{1}{2}\left(\prod_{j=1}^{n}(y_j^0+y_j^1)^{b_{jl}}+\prod_{j=1}^{n}(y_j^0-y_j^1)^{b_{jl}}\right)\right\}+$$

$$\left\{\frac{1}{2}\left(\prod_{i=1}^{m}(x_i^0+x_i^1)^{a_{il}}+\prod_{i=1}^{m}(x_i^0-x_i^1)^{a_{il}}\right)\right\}\left\{\frac{1}{2}\left(\prod_{j=1}^{n}(y_j^0+y_j^1)^{b_{jl}}-\prod_{j=1}^{n}(y_j^0-y_j^1)^{b_{jl}}\right)\right\}+$$

$$\left\{\frac{1}{2}\left(\prod_{i=1}^{m}(x_i^0+x_i^1)^{a_{il}}-\prod_{i=1}^{m}(x_i^0-x_i^1)^{a_{il}}\right)\right\}\left\{\frac{1}{2}\left(\prod_{j=1}^{n}(y_j^0+y_j^1)^{b_{jl}}+\prod_{j=1}^{n}(y_j^0-y_j^1)^{b_{jl}}\right)\right\}$$

显然，式（9-11）是正系数多项式。

若 C_l=1，则式（9-11）变为

$$L_l=P_W(a_{il}b_{jl},1)$$

仿照上面的证明，可知（9-11）式亦为正系数多项式。

命题 9-3 的意义在于，对于式（9-11）是可以利用 Baum 算法求临界点的。

命题 9-4

对于式（9-11）恒有

$$0<L(W)=\prod_{l=r+1}^{r+N}L_l\leqslant 1$$

证明：实际上只要证明，对于 L_l，都有 $0<L(w)\leqslant 1$ 即可。

若 C_l=1，则式（9-11）变为：

$$\begin{aligned}L_l&=P_W(a_{il}b_{jl},1)\\&=P\left(\sum_{i=1}^{m}\sum_{j=1}^{n}a_{il}b_{jl}x_iy_j=1\right)\\&=P\left(\sum_{i=1}^{m}a_{il}x_i=1,\ \sum_{j=1}^{n}b_{jl}y_j=1\right)\\&=P\left(\sum_{i=1}^{m}a_{il}x_i=1\right)P\left(\sum_{j=1}^{n}b_{jl}y_j=1\right)\end{aligned}$$

$$=\left\{\frac{1}{2}\left(1-\prod_{i=1}^{m}(x_i^0-x_i^1)^{a_{il}}\right)\right\}\left\{\frac{1}{2}\left(1-\prod_{j=1}^{n}(y_j^0-y_j^1)^{b_{jl}}\right)\right\}$$

$$=\left\{\frac{1}{2}\left(\prod_{i=1}^{m}(x_i^0+x_i^1)^{a_{il}}-\prod_{i=1}^{m}(x_i^0-x_i^1)^{a_{il}}\right)\right\}\left\{\frac{1}{2}\left(\prod_{j=1}^{n}(y_j^0+y_j^1)^{b_{jl}}-\prod_{j=1}^{n}(y_j^0-y_j^1)^{b_{jl}}\right)\right\}$$

由于 $0\leqslant x_i^k\leqslant 1$，$0\leqslant y_j^k\leqslant 1$，$k\in\{0,1\}$，以及 $\prod_{i=1}^{m}(x_i^0+x_i^1)^{a_{il}}=1$ 和 $\prod_{j=1}^{n}(y_j^0+y_j^1)^{b_{jl}}=1$，可知

$$0<1-\prod_{i=1}^{m}(x_i^0-x_i^1)^{a_{il}}\leqslant 1$$

$$0<1-\prod_{j=1}^{n}(y_j^0-y_j^1)^{b_{jl}}\leqslant 1$$

$$0<L_l\leqslant 1$$

$$0<L(W)=\prod_{l=r+1}^{r+N}L_l\leqslant 1$$

若 $C_l=0$ 时，可类似地证明 L_l 满足 $0<L_l\leqslant 1$。

命题 9-4 的意义可参见命题 9-3 的说明。

命题 9-5

设 $Y=(x_1,\cdots,x_m,y_1,\cdots,y_n)$是式（9-9）的一个解，$Y\in F_2^{m+n}$。设 W 是 D 中对应 Y 的点，则 W 是式（9-1）所确定的目标函数的一个最大值点。

证明：仅需证明对于这样的 W，有 $L_l=1$，$l=r+1,\cdots,r+N$。

由 L_l 的概率意义可知，对于式（9-9）的解所对应的 D 中的点 W，式（9-9）中的 N 个方程概率为 1 的成立，因此必有诸 $L_l=1$。

再由命题 9-4 可知，这时 W 是式（9-11）所确定的目标函数的一个最大值点。

命题 9-5 是本文的基础。

通过上述分析，求解式（9-9）的问题就完全化为在 D 中求 W，使 $L_l(W)$取极大值的问题。

对于式（9-9）的解 Y 所对应的 $W\in D$，有

$$L(W)=1$$

为使下面的讨论方便，记

$$W=(x_1^*,\cdots,x_m^*,y_1^*,\cdots,y_n^*)=(\gamma_1^*,\cdots,\gamma_{mm}^*)$$

$$\gamma_i^*=(x_i^0,x_i^1),\ \ x_i^0=P\{x_i=0\},\ \ x_i^1=P\{x_i=1\}$$

$$\gamma_{m+j}^{*}=(y_j^{\ 0},y_j^{\ 1}),\ \ y_j^{\ 0}=P\{y_j=0\},\ \ y_j^{\ 1}=P\{y_j=1\}$$

式中，i=1,⋯,m；j=1,⋯,n。

则 $L(W)$是以$\{\gamma_i^k\}$为变元的正系数多项式，$\{\gamma_i^k\}$为 $m+n$ 维长方体 D 中的点，且

$$\gamma_i^k\geqslant 0,\ \ \gamma_i^0+\gamma_i^1=1,\qquad k=0,1;\ i=1,\cdots,m+n$$

令 J 为 $D\to D'$的变换，定义为：

$$[J(W)]_i^0=\frac{\gamma_i^0\dfrac{\partial[L(W)]}{\partial\gamma_i^0}}{\gamma_i^0\dfrac{\partial[L(W)]}{\partial\gamma_i^0}+\gamma_i^1\dfrac{\partial[L(W)]}{\partial\gamma_i^1}}$$

$$[J(W)]_i^1=\frac{\gamma_i^1\dfrac{\partial[L(W)]}{\partial\gamma_i^1}}{\gamma_i^1\dfrac{\partial[L(W)]}{\partial\gamma_i^1}+\gamma_i^0\dfrac{\partial[L(W)]}{\partial\gamma_i^0}}=1-[J(W)]_i^0$$

由于 $L(W)=\prod\limits_{l=r+1}^{r+N}L_l$，故利用微积分知识不难证明：

$$\frac{\partial}{\partial\gamma_i^k}[L(W)]=L(W)\sum_{l=r+1}^{r+N}\frac{\partial}{\partial\gamma_i^k}(L_l)\cdot\frac{1}{L_l}$$

$$[J(W)]_i^0=\frac{\gamma_i^0\sum\limits_{l=r+1}^{r+N}\dfrac{\partial}{\partial\gamma_i^0}(L_l)\cdot\dfrac{1}{L_l}}{\gamma_i^0\sum\limits_{l=r+1}^{r+N}\dfrac{\partial}{\partial\gamma_i^0}(L_l)\cdot\dfrac{1}{L_l}+\gamma_i^1\sum\limits_{l=r+1}^{r+N}\dfrac{\partial}{\partial\gamma_i^1}(L_l)\cdot\dfrac{1}{L_l}}$$

下面分别推导计算$\dfrac{\partial}{\partial x_{i*}^0}(L_l)$和$\dfrac{\partial}{\partial x_{i*}^1}(L_l)$（$i^*=1,\cdots,m$）以及$\dfrac{\partial}{\partial y_{j*}^0}(L_l)$和$\dfrac{\partial}{\partial y_{j*}^1}(L_l)$（$j^*=1,\cdots,n$）的公式。

$$\begin{aligned}&\frac{\partial}{\partial x_{i*}^0}(L_l)\\&=\frac{\partial}{\partial x_{i*}^0}\left\{\frac{1}{2^2}\left(2+(1-2C_l)\left(1+\prod_{i=1}^{m}(x_i^0-x_i^1)^{a_{il}}+\prod_{j=1}^{n}(y_j^0-y_j^1)^{b_{jl}}-\right.\right.\right.\\&\left.\left.\left.\left(\prod_{i=1}^{m}(x_i^0-x_i^1)^{a_{il}}\right)\left(\prod_{j=1}^{n}(y_j^0-y_j^1)^{b_{jl}}\right)\right)\right)\right\}\end{aligned}$$

$$
=\frac{\partial}{\partial x_{i*}^0}\left\{\frac{1}{2^2}\left(2\left(\prod_{i=1}^{m}(x_i^0+x_i^1)^{a_{il}}\right)\left(\prod_{j=1}^{n}(y_j^0+y_j^1)^{b_{jl}}\right)+\right.\right.
$$

$$
(1-2C_l)\left(\left(\prod_{i=1}^{m}(x_i^0+x_i^1)^{a_{il}}\right)\left(\prod_{j=1}^{n}(y_j^0+y_j^1)^{b_{jl}}\right)+\left(\prod_{i=1}^{m}(x_i^0-x_i^1)^{a_{il}}\right)\left(\prod_{j=1}^{n}(y_j^0+y_j^1)^{b_{jl}}\right)+\right.
$$

$$
\left.\left.\left.\left(\prod_{i=1}^{m}(x_i^0+x_i^1)^{a_{il}}\right)\left(\prod_{j=1}^{n}(y_j^0-y_j^1)^{b_{jl}}\right)-\left(\prod_{i=1}^{m}(x_i^0-x_i^1)^{a_{il}}\right)\left(\prod_{j=1}^{n}(y_j^0-y_j^1)^{b_{jl}}\right)\right)\right)\right\}
$$

$$
=\frac{1}{2^2}\left\{2\left(\prod_{\substack{i=1\\ i\neq i^*}}^{m}(x_i^0+x_i^1)^{a_{il}}\right)\left(\prod_{j=1}^{n}(y_j^0+y_j^1)^{b_{jl}}\right)+\right.
$$

$$
(1-2C_l)\left(\left(\prod_{\substack{i=1\\ i\neq i^*}}^{m}(x_i^0+x_i^1)^{a_{il}}\right)\left(\prod_{j=1}^{n}(y_j^0+y_j^1)^{b_{jl}}\right)+\left(\prod_{\substack{i=1\\ i\neq i^*}}^{m}(x_i^0-x_i^1)^{a_{il}}\right)\left(\prod_{j=1}^{n}(y_j^0+y_j^1)^{b_{jl}}\right)+\right.
$$

$$
\left.\left.\left(\prod_{\substack{i=1\\ i\neq i^*}}^{m}(x_i^0+x_i^1)^{a_{il}}\right)\left(\prod_{j=1}^{n}(y_j^0-y_j^1)^{b_{jl}}\right)-\left(\prod_{\substack{i=1\\ i\neq i^*}}^{m}(x_i^0-x_i^1)^{a_{il}}\right)\left(\prod_{j=1}^{n}(y_j^0-y_j^1)^{b_{jl}}\right)\right)\right)
$$

$$
=\frac{1}{2^2}\left\{2+(1-2C_l)\left(1+\prod_{\substack{i=1\\ i\neq i^*}}^{m}(x_i^0-x_i^1)^{a_{il}}+\prod_{j=1}^{n}(y_j^0-y_j^1)^{b_{jl}}-\left(\prod_{\substack{i=1\\ i\neq i^*}}^{m}(x_i^0-x_i^1)^{a_{il}}\right)\left(\prod_{j=1}^{n}(y_j^0-y_j^1)^{b_{jl}}\right)\right)\right\}
\tag{9-12}
$$

同理可得出：

$$
\frac{\partial}{\partial x_{i*}^1}(L_l)
$$

$$
=\frac{1}{2^2}\left\{2+(1-2C_l)\left(1+\prod_{\substack{i=1\\ i\neq i^*}}^{m}(x_i^0-x_i^1)^{a_{il}}+\prod_{j=1}^{n}(y_j^0-y_j^1)^{b_{jl}}+\left(\prod_{\substack{i=1\\ i\neq i^*}}^{m}(x_i^0-x_i^1)^{a_{il}}\right)\left(\prod_{j=1}^{n}(y_j^0-y_j^1)^{b_{jl}}\right)\right)\right\}
\tag{9-13}
$$

$$
\frac{\partial}{\partial y_{j*}^0}(L_l)
$$

$$
=\frac{1}{2^2}\left\{2+(1-2C_l)\left(1+\prod_{i=1}^{m}(x_i^0-x_i^1)^{a_{il}}+\prod_{\substack{j=1\\ j\neq j*}}^{n}(y_j^0-y_j^1)^{b_{jl}}-\left(\prod_{i=1}^{m}(x_i^0-x_i^1)^{a_{il}}\right)\left(\prod_{\substack{j=1\\ j\neq j*}}^{n}(y_j^0-y_j^1)^{b_{jl}}\right)\right)\right\}
\tag{9-14}
$$

$$\frac{\partial}{\partial y_{j*}^{0}}(L_l)$$

$$=\frac{1}{2^2}\left\{2+(1-2C_l)\left(1+\prod_{i=1}^{m}(x_i^0-x_i^1)^{a_{il}}-\prod_{\substack{j=1\\j\neq j*}}^{n}(y_j^0-y_j^1)^{b_{jl}}+\left(\prod_{i=1}^{m}(x_i^0-x_i^1)^{a_{il}}\right)\left(\prod_{\substack{j=1\\j\neq j*}}^{n}(y_j^0-y_j^1)^{b_{jl}}\right)\right)\right\}$$

（9-15）

最后给出命题 9-6 和命题 9-7，这两个命题的结论对于利用 Baum 算法进行迭代时初值如何选取有一定参考意义。

命题 9-6

设 $W=(\gamma_1^*,\cdots,\gamma_r^*)$，$L(W)$是以$\{\gamma_i^k\}$为变元的正系数多项式，$W\in D$；$\gamma_i^0+\gamma_i^1=1$；$k\in\{0,1\}$；$i=1,\cdots,r$。若定义 $D\to D'$的变换 J 如下：

$$\hat{\gamma}_i^k=[J(W)]_i^k=\frac{\gamma_i^k\frac{\partial[L(W)]}{\partial\gamma_i^k}}{\gamma_i^k\frac{\partial[L(W)]}{\partial\gamma_i^k}+\gamma_i^{\bar{k}}\frac{\partial[L(W)]}{\partial\gamma_i^{\bar{k}}}}$$

则若 $\gamma_i^k=0$ 或 1，则必有 $\gamma_i^k=\hat{\gamma}_i^k$。

命题 9-6 的意义在于，利用 Baum 算法进行迭代时，在若干 $\gamma_i^k=0$ 或 1 的情况下，r 维长方体 D 中的点 W 将在某个临界面甚至某条临界线上移动。

命题 9-7

设 $Y=(x_1,\cdots,x_m,y_1,\cdots,y_n)$是式（9-9）的一个解，$Y\in F_2^{m+n}$。设 W 是 D 中对应 Y 的点，则对变换 J 而言，W 是不动点。

证明：由命题 9-4 即可推出。

对于式（9-11）式而言，Baum 算法临界点不唯一。例如，D 的重心就是一个临界点；又如，由上述命题可知，$m+n$ 维由 0、1 构成的向量也是临界点。

命题 9-3 到命题 9-7 的结论对以下的讨论也适用，这里不再一一证明了。

以上讨论的方法可以相应地推广到$\{C_k\}$序列含有部分错误的情形中。

设$\{C_k\}$序列含有部分错误，令 μ 表示含错率，$\mu\ll 1/2$。令 $V_l^{k'}$表示第 l 个方程左端出 k' 的概率，$l=r+1,\cdots,r+N$；$k'\in\{0,1\}$，则显然有：

$$\begin{cases}V_l^0=\mu C_l+(1-\mu)(1-C_l)\\V_l^1=1-V_l^0\end{cases}$$

这时，相应于式（9-11）的目标函数为

$$
\begin{aligned}
L(W) &= \prod_{l=r+1}^{r+N} L_l \\
L_l &= P_W(a_{il}b_{jl},0)V_l^0 + P_W(a_{il}b_{jl},1)V_l^1 \\
&= \frac{1}{2^2}\left\{3+\prod_{i=1}^{m}({x_i}^0-{x_i}^1)^{a_{il}}+\prod_{j=1}^{n}({y_j}^0-{y_j}^1)^{b_{jl}}-\right. \\
&\qquad \left.\left(\prod_{i=1}^{m}({x_i}^0-{x_i}^1)^{a_{il}}\right)\left(\prod_{j=1}^{n}({y_j}^0-{y_j}^1)^{b_{jl}}\right)\right\}V_l^0+ \\
&\quad \frac{1}{2^2}\left\{1-\prod_{i=1}^{m}({x_i}^0-{x_i}^1)^{a_{il}}-\prod_{j=1}^{n}({y_j}^0-{y_j}^1)^{b_{jl}}+\right. \\
&\qquad \left.\left(\prod_{i=1}^{m}({x_i}^0-{x_i}^1)^{a_{il}}\right)\left(\prod_{j=1}^{n}({y_j}^0-{y_j}^1)^{b_{jl}}\right)\right\}(1-V_l^0) \\
&= \frac{1}{2^2}\left\{4V_l^0+(1-2V_l^0)\left(1-\prod_{i=1}^{m}({x_i}^0-{x_i}^1)^{a_{il}}-\prod_{j=1}^{n}({y_j}^0-{y_j}^1)^{b_{jl}}+\right.\right. \\
&\qquad \left.\left.\left(\prod_{i=1}^{m}({x_i}^0-{x_i}^1)^{a_{il}}\right)\left(\prod_{j=1}^{n}({y_j}^0-{y_j}^1)^{b_{jl}}\right)\right)\right\}
\end{aligned}
\tag{9-16}
$$

以下亦做相应的分析，有

$$
[J(W)]_i^0=\frac{\gamma_i^0\dfrac{\partial[L(W)]}{\partial\gamma_i^0}}{\gamma_i^0\dfrac{\partial[L(W)]}{\partial\gamma_i^0}+\gamma_i^1\dfrac{\partial[L(W)]}{\partial\gamma_i^1}},\quad [J(W)]_i^1=1-[J(W)]_i^0
$$

$$
\frac{\partial}{\partial\gamma_i^k}[L(W)]=L(W)\sum_{l=r+1}^{r+N}\frac{\partial}{\partial\gamma_i^k}(L_l)\cdot\frac{1}{L_l}
$$

$$
[J(W)]_i^0=\frac{\gamma_i^0\displaystyle\sum_{l=r+1}^{r+N}\frac{\partial}{\partial\gamma_i^0}(L_l)\cdot\frac{1}{L_l}}{\gamma_i^0\displaystyle\sum_{l=r+1}^{r+N}\frac{\partial}{\partial\gamma_i^0}(L_l)\cdot\frac{1}{L_l}+\gamma_i^1\sum_{l=r+1}^{r+N}\frac{\partial}{\partial\gamma_i^1}(L_l)\cdot\frac{1}{L_l}}
$$

相应于式（9-12）到式（9-15）的各式为

$$\frac{\partial}{\partial x_{i*}^0}(L_l)$$

$$=\frac{1}{2^2}\left\{4V_l^0+(1-2V_l^0)\left(1-\prod_{\substack{i=1\\ i\neq i^*}}^{m}(x_i^0-x_i^1)^{a_{il}}-\prod_{j=1}^{n}(y_j^0-y_j^1)^{b_{jl}}+\left(\prod_{\substack{i=1\\ i\neq i^*}}^{m}(x_i^0-x_i^1)^{a_{il}}\right)\left(\prod_{j=1}^{n}(y_j^0-y_j^1)^{b_{jl}}\right)\right)\right\}$$

（9-17）

$$\frac{\partial}{\partial x_{i*}^0}(L_l)$$

$$=\frac{1}{2^2}\left\{4V_l^0+(1-2V_l^0)\left(1+\prod_{\substack{i=1\\ i\neq i^*}}^{m}(x_i^0-x_i^1)^{a_{il}}-\prod_{j=1}^{n}(y_j^0-y_j^1)^{b_{jl}}-\left(\prod_{\substack{i=1\\ i\neq i^*}}^{m}(x_i^0-x_i^1)^{a_{il}}\right)\left(\prod_{j=1}^{n}(y_j^0-y_j^1)^{b_{jl}}\right)\right)\right\}$$

（9-18）

$$\frac{\partial}{\partial y_{i*}^0}(L_l)$$

$$=\frac{1}{2^2}\left\{4V_l^0+(1-2V_l^0)\left(1-\prod_{i=1}^{m}(x_i^0-x_i^1)^{a_{il}}-\prod_{\substack{j=1\\ j\neq j^*}}^{n}(y_j^0-y_j^1)^{b_{jl}}+\left(\prod_{i=1}^{m}(x_i^0-x_i^1)^{a_{il}}\right)\left(\prod_{\substack{j=1\\ j\neq j^*}}^{n}(y_j^0-y_j^1)^{b_{jl}}\right)\right)\right\}$$

（9-19）

$$\frac{\partial}{\partial y_{i*}^1}(L_l)$$

$$=\frac{1}{2^2}\left\{4V_l^0+(1-2V_l^0)\left(1-\prod_{i=1}^{m}(x_i^0-x_i^1)^{a_{il}}+\prod_{\substack{j=1\\ j\neq j^*}}^{n}(y_j^0-y_j^1)^{b_{jl}}-\left(\prod_{i=1}^{m}(x_i^0-x_i^1)^{a_{il}}\right)\left(\prod_{\substack{j=1\\ j\neq j^*}}^{n}(y_j^0-y_j^1)^{b_{jl}}\right)\right)\right\}$$

（9-20）

注意，这时求出 D 中的某个顶点 W 所对应的 Y 满足式（9-9）中的方程个数约为$(1-\mu)N$。对于 Y 的解所对应的 W 有

$$L(W)=(1-\mu)^N$$

上面的讨论不难推广到 r 端与序列上去。

设有 r 个线性反馈移存器，其多项式分别为 $f_i(x)$，级数分别为 $r_i=\partial[f_i(x)]$，$i=1,\cdots,r$。记这 r 个线性反馈移存器的输出序列为$\{x_{i_k}\}$，$k=1,2\cdots$。

令 $g(x_1,\cdots,x_r)=x_1\cdots x_r$，称$\{C_k\}=x_{1_k}\cdots x_{r_k}$为 r 端与序列，$k=1,2\cdots$。

取 $r=\max\{r_1,\cdots,r_r\}$，则根据递归关系可知

$$x_{1_l}=\sum_{i_1=1}^{r_1}a_{1i_1l}x_{1i_1},\cdots,\ x_{rl}=\sum_{i_r=1}^{r_r}a_{ri_rl}x_{ri_r}$$

式中，$l=r+1,r+2,\cdots,r+N$。于是有

$$C_l=x_{1_l}\cdots x_{r_l}=\left(\sum_{i_1=1}^{r_1}a_{1i_1l}x_{1i_1}\right)\cdots\left(\sum_{i_r=1}^{r_r}a_{ri_rl}x_{ri_r}\right)=\sum_{i_1=1}^{r_1}\cdots\sum_{i_r=1}^{r_r}a_{1i_1l}\cdots a_{ri_rl}x_{1i_1}\cdots x_{ri_r} \tag{9-21}$$

设已知连续的$\{C_k\}$序列的 $r+N$ 个分量，则由式（9-21）可知：

$$\begin{cases}C_{r+1}=x_{1\,r+1}\cdots x_{r\,r+1}=\displaystyle\sum_{i_1=1}^{r_1}\cdots\sum_{i_r=1}^{r_r}a_{1i_1\,r+1}\cdots a_{ri_r\,r+1}x_{1i_1}\cdots x_{ri_r}\\ C_{r+2}=x_{1\,r+2}\cdots x_{r\,r+2}=\displaystyle\sum_{i_1=1}^{r_1}\cdots\sum_{i_r=1}^{r_r}a_{1i_1\,r+2}\cdots a_{ri_r\,r+2}x_{1i_1}\cdots x_{ri_r}\\ \cdots\\ C_{r+N}=x_{1\,r+N}\cdots x_{r\,r+N}=\displaystyle\sum_{i_1=1}^{r_1}\cdots\sum_{i_r=1}^{r_r}a_{1i_1\,r+N}\cdots a_{ri_r\,r+N}x_{1i_1}\cdots x_{ri_r}\end{cases} \tag{9-22}$$

这是一个变元个数为 $\sum\limits_{i=1}r_i$ 、次数为 r 的多元高次方程组。

记 $Y=(x_{1_1}\cdots x_{1r_1}\cdots x_{r_1}\cdots x_{r_{r_r}})$，$Y$ 的可能取值为离散集 $F_2^{\sum_{i=1}^{r}r_i}$ 中的一个点。记 $W=(x_{1_1}^*\cdots x_{1r_1}^*\cdots x_{r_1}^*\cdots x_{r_{r_r}})$，其中

$$\begin{cases}x_{1_j}^*=(x_{1_j}^0,x_{1_j}^1),\ x_{1_j}^0=P\{x_{1_j}=0\},\ x_{1_j}^1=P\{x_{1_j}=1\}\\ \cdots\\ x_{r_k}^*=(x_{r_k}^0,x_{r_k}^1),\ x_{r_k}^0=P\{x_{r_k}=0\},\ x_{r_k}^1=P\{x_{r_k}=1\}\end{cases}$$

式中，$j=1,\cdots,r_1$；$\cdots$；$k=1,\cdots,r_r$。

W 的可能取值为 $r_1+\cdots+r_r$ 维长方体 D（这是个连续集）中的一个点。

用 W 表示 Y，于是求解式（9-22）的问题就变为在 D 中找一点，并从这点出发，逐步逼近 D 中某个顶点 W，使得 W 所对应的 Y 满足式（9-22）中的所有方程。

至于定义随机变量、把上述问题化为参数估计的问题，则与二端与的情形完全相仿，这里不赘述。

设 $P_W(a_{1_{i_1}l}\cdots a_{r_{i_r}l},0)$ 表示以 W 为参数时第 l 个等式右端为 0 的概率，$P_W(a_{1_{i_1}l}\cdots a_{r_{i_r}l},1)$ 表示以 W 为参数时第 l 个等式右端为 1 的概率，可以仿照式（9-11）的证明，得出：

$$
(9\text{-}23)\quad
\begin{cases}
P_W(a_{1_{i_1}l}\cdots a_{r_{i_r}l},1) \\
=\dfrac{1}{2^r}\left\{1-\prod\limits_{i_1=1}^{r_1}(x_{1_{i_1}}^0-x_{1_{i_1}}^1)^{a_{1_{i_1}l}}\right\}\cdots\left\{1-\prod\limits_{i_r=1}^{r_r}(x_{r_{i_r}}-x_{r_{i_r}})^{a_{1_{i_r}l}}\right\} \\
=\dfrac{1}{2^r}\left\{1-\prod\limits_{i_1=1}^{r_1}(x_{1_{i_1}}^0-x_{1_{i_1}}^1)^{a_{1_{i_1}l}}-\cdots-\prod\limits_{i_r=1}^{r_r}(x_{r_{i_r}}^0-x_{r_{i_r}}^1)^{a_{r_{i_1}l}}+\cdots+\right. \\
\qquad\left.(-1)^r\left(\prod\limits_{i_1=1}^{r_1}(x_{1_{i_1}}^0-x_{1_{i_1}}^1)^{a_{1_{i_1}l}}\right)\cdots\left(\prod\limits_{i_r=1}^{r_r}(x_{r_{i_r}}^0-x_{r_{i_r}}^1)^{a_{r_{i_1}l}}\right)\right\} \\
P_W(a_{1_{i_1}l}\cdots a_{r_{i_r}l},0)=1-P_W(a_{1_{i_1}l}\cdots a_{r_{i_r}l},1) \\
=\dfrac{1}{2^r}\left\{(2^r-1)+\prod\limits_{i_1=1}^{r_1}(x_{1_{i_1}}^0-x_{1_{i_1}}^1)^{a_{1_{i_1}l}}+\cdots+\prod\limits_{i_r=1}^{r_r}(x_{r_{i_r}}^0-x_{r_{i_r}}^1)^{a_{r_{i_1}l}}-\cdots+\right. \\
\qquad\left.(-1)^{r-1}\left(\prod\limits_{i_1=1}^{r_1}(x_{1_{i_1}}^0-x_{1_{i_1}}^1)^{a_{1_{i_1}l}}\right)\cdots\left(\prod\limits_{i_r=1}^{r_r}(x_{r_{i_r}}^0-x_{r_{i_r}}^1)^{a_{r_{i_1}l}}\right)\right\}
\end{cases}
$$

相应的目标函数为

$$
(9\text{-}24)\quad
\begin{aligned}
L(W)&=\prod_{l=r+1}^{r+N}L_l \\
L_l&=P_W(a_{1_{i_1}l}\cdots a_{r_{i_r}l},0)(1-C_l)+P_W(a_{1_{i_1}l}\cdots a_{r_{i_r}l},1)C_l \\
&=\left\{1-\frac{1}{2^r}\left(1-\prod_{i_1=1}^{r_1}(x_{1_{i_1}}^0-x_{1_{i_1}}^1)^{a_{1_{i_1}l}}\right)\cdots\left(1-\prod_{i_r=1}^{r_r}(x_{r_{i_r}}^0-x_{r_{i_r}}^1)^{a_{r_{i_1}l}}\right)\right\}(1-C_l)+ \\
&\quad\frac{1}{2^r}\left\{1-\prod_{i_1=1}^{r_1}(x_{1_{i_1}}^0-x_{1_{i_1}}^1)^{a_{1_{i_1}l}}\right\}\cdots\left\{1-\prod_{i_r=1}^{r_r}(x_{r_{i_r}}^0-x_{r_{i_r}}^1)^{a_{r_{i_1}l}}\right\}C_l \\
&=\frac{1}{2^r}\left\{2^{r-1}+(1-2C_l)\left((2^{r-1}-1)-\prod_{i_1=1}^{r_1}(x_{1_{i_1}}^0-x_{1_{i_1}}^1)^{a_{1_{i_1}l}}+\cdots\prod_{i_r=1}^{r_r}(x_{r_{i_r}}^0-x_{r_{i_r}}^1)^{a_{r_{i_1}l}}\right.\right. \\
&\quad\left.\left.-\cdots+(-1)^{r-1}\left(\prod_{i_1=1}^{r_1}(x_{1_{i_1}}^0-x_{1_{i_1}}^1)^{a_{1_{i_1}l}}\right)\cdots\left(\prod_{i_r=1}^{r_r}(x_{r_{i_r}}^0-x_{r_{i_r}}^1)^{a_{r_{i_1}l}}\right)\right)\right\}
\end{aligned}
$$

令 $W=(x_{1_1}^*,\cdots,x_{1_{r_1}}^*,x_{r_1}^*,\cdots,x_{r_{r_r}}^*)=(\gamma_1^*,\cdots,\gamma_{r_1+\cdots+r_r}^*)^*$，以及

$$
\begin{cases}
\gamma_1^*=(x_{1_i}^0,x_{1_i}^1),\ x_{1_i}^0=P\{x_{1_i}=0\},\ x_{1_i}^1=P\{x_{1_i}=1\} \\
\qquad\qquad\cdots \\
\gamma_{r_1+\cdots+r_{r-1+j}}^*=(x_{r_j}^0,x_{r_j}^1),\ x_{r_j}^0=P\{x_{r_j}=0\},\ x_{r_j}^1=P\{x_{r_j}=1\}
\end{cases}
$$

式中，$i=1,\cdots,r_1$；$\cdots$；$j=1,\cdots,r_r$。式（9-24）可变为：

$$[L(W)]=\prod_{l=r+1}^{r+N}L_l,\ \frac{\partial}{\partial\gamma_i^k}[L(W)]=L(W)\sum_{l=r+1}^{r+N}\frac{\partial}{\partial\gamma_i^k}(L_l)\cdot\frac{1}{L_l}$$

$$[J(W)]_i^0=\frac{\gamma_i^0\sum\limits_{l=r+1}^{r+N}\frac{\partial}{\partial\gamma_i^0}(L_l)\cdot\frac{1}{L_l}}{\gamma_i^0\sum\limits_{l=r+1}^{r+N}\frac{\partial}{\partial\gamma_i^0}(L_l)\cdot\frac{1}{L_l}+\gamma_i^1\sum\limits_{l=r+1}^{r+N}\frac{\partial}{\partial\gamma_i^1}(L_l)\cdot\frac{1}{L_l}}$$

$$\begin{aligned}\frac{\partial}{\partial x_{i^*}^0}(L_l)=\frac{1}{2^r}\Bigg\{&2^{r-1}+(1-2C_l)\Bigg(\left(2^{r-1}-1\right)+\prod_{\substack{i_1=1\\ i_1\neq i^*}}^{r_1}(x_{1_{i_1}}^0-x_{1_{i_1}}^1)^{a_{1_{i_1}l}}+\cdots+\prod_{i_r=1}^{r_r}(x_{r_{i_r}}^0-x_{r_{i_r}}^1)^{a_{r_{i_r}l}}\\&-\cdots+(-1)^{r-1}\left(\prod_{\substack{i_1=1\\ i_1\neq i^*}}^{r_1}(x_{1_{i_1}}^0-x_{1_{i_1}}^1)^{a_{1_{i_1}l}}\right)\cdots\left(\prod_{i_r=1}^{r_r}(x_{r_{i_r}}^0-x_{r_{i_r}}^1)^{a_{r_{i_r}l}}\right)\Bigg)\Bigg\}\end{aligned}\tag{9-25}$$

$$\begin{aligned}\frac{\partial}{\partial x_{i^*}^1}(L_l)=\frac{1}{2^r}\Bigg\{&2^{r-1}+(1-2C_l)\Bigg(\left(2^{r-1}-1\right)-\prod_{\substack{i_1=1\\ i_1\neq i^*}}^{r_1}(x_{1_{i_1}}^0-x_{1_{i_1}}^1)^{a_{1_{i_1}l}}+\cdots+\prod_{i_r=1}^{r_r}(x_{r_{i_r}}^0-x_{r_{i_r}}^1)^{a_{r_{i_r}l}}\\&-\cdots+(-1)^{r-1}\left(\prod_{\substack{i_1=1\\ i_1\neq i^*}}^{r_1}(x_{1_{i_1}}^0-x_{1_{i_1}}^1)^{a_{1_{i_1}l}}\right)\cdots\left(\prod_{i_r=1}^{r_r}(x_{r_{i_r}}^0-x_{r_{i_r}}^1)^{a_{r_{i_r}l}}\right)\Bigg)\Bigg\}\end{aligned}\tag{9-26}$$

式中，$i^*=l_1,\cdots,l_{r_1}$。

……

$$\begin{aligned}\frac{\partial}{\partial x_{j^*}^0}(L_l)=\frac{1}{2^r}\Bigg\{&2^{r-1}+(1-2C_l)\Bigg(\left(2^{r-1}-1\right)+\prod_{i_1=1}^{r_1}(x_{1_{i_1}}^0-x_{1_{i_1}}^1)^{a_{1_{i_1}l}}+\cdots+\prod_{\substack{i_r=1\\ i_r\neq j^*}}^{r_r}(x_{r_{i_r}}^0-x_{r_{i_r}}^1)^{a_{r_{i_r}l}}\\&-\cdots+(-1)^{r-1}\left(\prod_{i_1=1}^{r_1}(x_{1_{i_1}}^0-x_{1_{i_1}}^1)^{a_{1_{i_1}l}}\right)\cdots\left(\prod_{\substack{i_r=1\\ i_r\neq j^*}}^{r_r}(x_{r_{i_r}}^0-x_{r_{i_r}}^1)^{a_{r_{i_r}l}}\right)\Bigg)\Bigg\}\end{aligned}\tag{9-27}$$

$$\begin{aligned}\frac{\partial}{\partial x_{j^*}^1}(L_l)=\frac{1}{2^r}\Bigg\{&2^{r-1}+(1-2C_l)\Bigg(\left(2^{r-1}-1\right)-\prod_{i_1=1}^{r_1}(x_{1_{i_1}}^0-x_{1_{i_1}}^1)^{a_{1_{i_1}l}}+\cdots-\prod_{\substack{i_r=1\\ i_1\neq j^*}}^{r_r}(x_{r_{i_r}}^0-x_{r_{i_r}}^1)^{a_{r_{i_r}l}}\\&-\cdots+(-1)^{r-1}\left(\prod_{i_1=1}^{r_1}(x_{1_{i_1}}^0-x_{1_{i_1}}^1)^{a_{1_{i_1}l}}\right)\cdots\left(\prod_{\substack{i_r=1\\ i_r\neq j^*}}^{r_r}(x_{r_{i_r}}^0-x_{r_{i_r}}^1)^{a_{r_{i_r}l}}\right)\Bigg)\Bigg\}\end{aligned}\tag{9-28}$$

式中，$j^*=r_1,\cdots,r_{r_r}$。

以上讨论均假设$\{C_k\}$是连续的，而且是从 C_{r+1} 开始列方程式的，参见式(9-9)和式(9-22)，其中 $r=\max\{r_1,\cdots,r_r\}$。

实际上，$\{C_k\}$是否连续对还原而言无实质影响，这可以从上面分析中看出。至于要从 C_{r+1} 开始列方程式，则是希望对变元为 0 或 1 的概率有个先验的了解。例如，当 $C_k=1$ 时，可知相应的 $x_{1_k}=\cdots=x_{r_k}=1$，$P\{x_{i_k}=0\}=0=x_{i_k}^0$，$P\{x_{i_k}=1\}=0=x_{i_k}^1$；$k=1,\cdots,k^*$；$k^*=\min\{r_1,\cdots,r_r\}$。因此，从$\{C_k\}$中的哪个 C_k 开始列方程式，完全可视具体情况而定，其原则是争取能够尽量多地了解变元为 0 或 1 的概率。

9.2.3　或门序列的还原

设有两个线性反馈移存器，其多项式分别为 $f(x)$和 $g(y)$，级数分别为 m 和 n。记这两个线性反馈移存器的输出序列为$\{x_k\}$和$\{y_k\}$，$k=1,2,\cdots$。

令 $g(x,y)=x+y+xy$，称$\{C_k\}=x_k+y_k+x_ky_k$ 为二端或序列，$k=1,2\cdots$。

取 $r=\max\{m,n\}$，由递归关系可知，对于任意的 x_l 和 y_l（$l=r+1, r+2\cdots$），都有

$$x_l=\sum_{i=1}^{m}a_{il}x_i,\qquad y_l=\sum_{j=1}^{n}b_{jl}y_j$$

则可知

$$\begin{aligned}C_l&=x_l+y_l+x_ly_l\\&=\sum_{i=1}^{m}a_{il}x_i+\sum_{j=1}^{n}b_{jl}y_j+\left(\sum_{i=1}^{m}a_{il}x_i\right)\left(\sum_{j=1}^{n}b_{jl}y_j\right)\\&=\sum_{i=1}^{m}a_{il}x_i+\sum_{j=1}^{n}b_{jl}y_j+\sum_{i=1}^{m}\sum_{j=1}^{n}a_{il}b_{jl}x_iy_j\end{aligned}\tag{9-29}$$

设已知连续的$\{C_l\}$序列的 $r+N$ 分量，则有

$$\begin{cases}C_{r+1}=\sum_{i=1}^{m}a_{i\,r+1}x_i+\sum_{j=1}^{n}b_{j\,r+1}y_j+\sum_{i=1}^{m}\sum_{j=1}^{n}a_{i\,r+1}b_{j\,r+1}x_iy_j\\C_{r+2}=\sum_{i=1}^{m}a_{i\,r+2}x_i+\sum_{j=1}^{n}b_{j\,r+2}y_j+\sum_{i=1}^{m}\sum_{j=1}^{n}a_{i\,r+2}b_{j\,r+2}x_iy_j\\\qquad\cdots\\C_{r+N}=\sum_{i=1}^{m}a_{i\,r+N}x_i+\sum_{j=1}^{n}b_{j\,r+N}y_j+\sum_{i=1}^{m}\sum_{j=1}^{n}a_{i\,r+N}b_{j\,r+N}x_iy_j\end{cases}\tag{9-30}$$

仍用 $P_W(a_{il}b_{jl},0)$表示式（9-30）第 l 个等式右端为 0 的概率；$P_W(a_{il}b_{jl},1)$表示式（9-30）第 l 个等式右端为 1 的概率。

$$x_i^*=(x_i^0,x_i^1)，\ x_i^0=P\{x_i=0\}，\ x_i^1=P\{x_i=1\}$$

$$y_j^*=(y_j^0,y_j^1)，\ y_j^0=P\{y_j=0\}，\ y_j^1=P\{y_j=1\}$$

式中，$i=1,\cdots,m$；$j=1,\cdots,n$。可以证明：

$$\begin{cases} P_W(a_{il}b_{jl},0)=\dfrac{1}{2^2}\left\{1+\prod_{i=1}^{m}(x_i^0-x_i^1)^{a_{il}}+\prod_{j=1}^{n}(y_j^0-y_j^1)^{b_{jl}}+\left(\prod_{i=1}^{m}(x_i^0-x_i^1)^{a_{il}}\right)\left(\prod_{j=1}^{n}(y_j^0-y_j^1)^{b_{jl}}\right)\right\} \\ P_W(a_{il}b_{jl},1)=\dfrac{1}{2^2}\left\{3-\prod_{i=1}^{m}(x_i^0-x_i^1)^{a_{il}}-\prod_{j=1}^{n}(y_j^0-y_j^1)^{b_{jl}}-\left(\prod_{i=1}^{m}(x_i^0-x_i^1)^{a_{il}}\right)\left(\prod_{j=1}^{n}(y_j^0-y_j^1)^{b_{jl}}\right)\right\} \end{cases}$$

（9-31）

证明：由式（9-29）可知

$$\sum_{i=1}^{m}a_{il}x_i+\sum_{j=1}^{n}b_{jl}y_j+\sum_{i=1}^{m}\sum_{j=1}^{n}a_{il}b_{jl}x_iy_j=0$$

等价于

$$\sum_{i=1}^{m}a_{il}x_i=0,\quad \sum_{j=1}^{n}b_{jl}y_j=0$$

又因为 x_i、y_j 相互独立，$i=1,\cdots,m$；$j=1,\cdots,n$，故

$$\begin{aligned} P_W(a_{il}b_{jl},0)&=P\left(\sum_{i=1}^{m}a_{il}x_i+\sum_{j=1}^{n}b_{jl}y_j+\sum_{i=1}^{m}\sum_{j=1}^{n}a_{il}b_{jl}x_iy_j=0\right) \\ &=P\left(\sum_{i=1}^{m}a_{il}x_i=0,\quad \sum_{j=1}^{n}b_{jl}y_j=0\right) \\ &=P\left(\sum_{i=1}^{m}a_{il}x_i=0\right)P\left(\sum_{j=1}^{n}b_{jl}y_j=0\right) \\ &=\frac{1}{2^2}\left\{1+\prod_{i=1}^{m}(x_i^0-x_i^1)^{a_{il}}\right\}\left\{1+\prod_{j=1}^{n}(y_j^0-y_j^1)^{b_{jl}}\right\} \\ &=\frac{1}{2^2}\left\{1+\prod_{i=1}^{m}(x_i^0-x_i^1)^{a_{il}}+\prod_{j=1}^{n}(y_j^0-y_j^1)^{b_{jl}}+\left(\prod_{i=1}^{m}(x_i^0-x_i^1)^{a_{il}}\right)\left(\prod_{j=1}^{n}(y_j^0-y_j^1)^{b_{jl}}\right)\right\} \end{aligned}$$

同理可证：

$$\begin{aligned} P_W(a_{il}b_{jl},1)&=1-P_W(a_{il}b_{jl},0) \\ &=\frac{1}{2^2}\left\{3-\prod_{i=1}^{m}(x_i^0-x_i^1)^{a_{il}}-\prod_{j=1}^{n}(y_j^0-y_j^1)^{b_{jl}}-\left(\prod_{i=1}^{m}(x_i^0-x_i^1)^{a_{il}}\right)\left(\prod_{j=1}^{n}(y_j^0-y_j^1)^{b_{jl}}\right)\right\} \end{aligned}$$

定义目标函数为：

$$L(W)=\prod_{l=r+1}^{r+N} L_l$$

$$\begin{aligned}L_l &= P_W(a_{il}b_{jl},0)(1-C_l)+P_W(a_{il}b_{jl},1)C_l \\ &= \frac{1}{2^2}\left\{4C_l+(1-2C_l)\left(1+\prod_{i=1}^{m}(x_i^0-x_i^1)^{a_{il}}+\prod_{j=1}^{n}(y_j^0-y_j^1)^{b_{jl}}+\right.\right. \\ &\left.\left.\left(\prod_{i=1}^{m}(x_i^0-x_i^1)^{a_{il}}\right)\left(\prod_{j=1}^{n}(y_j^0-y_j^1)^{b_{jl}}\right)\right)\right\}\end{aligned} \tag{9-32}$$

式(9-32)是正系数多项式，可以利用 Baum 算法求临界点。相应于式(9-12)到式(9-15)，各式为：

$$\begin{aligned}\frac{\partial}{\partial x_{i^*}^0}(L_l) &= \frac{1}{2^2}\left\{4C_l+(1-2C_l)\left(1+\prod_{\substack{i=1\\ i\neq i^*}}^{m}(x_i^0-x_i^1)^{a_{il}}+\prod_{j=1}^{n}(y_j^0-y_j^1)^{b_{jl}}+\right.\right. \\ &\left.\left.\left(\prod_{\substack{i=1\\ i\neq i^*}}^{m}(x_i^0-x_i^1)^{a_{il}}\right)\left(\prod_{j=1}^{n}(y_j^0-y_j^1)^{b_{jl}}\right)\right)\right\}\end{aligned} \tag{9-33}$$

$$\begin{aligned}\frac{\partial}{\partial x_{i^*}^1}(L_l) &= \frac{1}{2^2}\left\{4C_l+(1-2C_l)\left(1-\prod_{\substack{i=1\\ i\neq i^*}}^{m}(x_i^0-x_i^1)^{a_{il}}+\prod_{j=1}^{n}(y_j^0-y_j^1)^{b_{jl}}-\right.\right. \\ &\left.\left.\left(\prod_{\substack{i=1\\ i\neq i^*}}^{m}(x_i^0-x_i^1)^{a_{il}}\right)\left(\prod_{j=1}^{n}(y_j^0-y_j^1)^{b_{jl}}\right)\right)\right\}\end{aligned} \tag{9-34}$$

$$\begin{aligned}\frac{\partial}{\partial y_{i^*}^0}(L_l) &= \frac{1}{2^2}\left\{4C_l+(1-2C_l)\left(1+\prod_{i=1}^{m}(x_i^0-x_i^1)^{a_{il}}+\prod_{\substack{j=1\\ j\neq j^*}}^{n}(y_j^0-y_j^1)^{b_{jl}}+\right.\right. \\ &\left.\left.\left(\prod_{i=1}^{m}(x_i^0-x_i^1)^{a_{il}}\right)\left(\prod_{\substack{j=1\\ j\neq j^*}}^{n}(y_j^0-y_j^1)^{b_{jl}}\right)\right)\right\}\end{aligned} \tag{9-35}$$

$$\begin{aligned}\frac{\partial}{\partial y_{i^*}^1}(L_l) &= \frac{1}{2^2}\left\{4C_l+(1-2C_l)\left(1+\prod_{i=1}^{m}(x_i^0-x_i^1)^{a_{il}}-\prod_{\substack{j=1\\ j\neq j^*}}^{n}(y_j^0-y_j^1)^{b_{jl}}-\right.\right. \\ &\left.\left.\left(\prod_{i=1}^{m}(x_i^0-x_i^1)^{a_{il}}\right)\left(\prod_{\substack{j=1\\ j\neq j^*}}^{n}(y_j^0-y_j^1)^{b_{jl}}\right)\right)\right\}\end{aligned} \tag{9-36}$$

至于 r 端或门的情形，可以仿照 9.2.2 节的方法相应讨论，此处不赘述。

关于更一般的前馈与序列（由与门和或门构成的前馈网络），可以用上述思想进行探讨。由于 r 端与门及 r 端或门的目标函数已经确定，故一般的前馈网络的目标函数亦可相应确定，但一些细节问题和条件有些不同：

（1）目标函数可以用另外的方法写得更简练些。

（2）对变元为 1 或 0 的概率一般无法获得先验的了解，这就涉及初值如何设置的问题。

9.2.4　一些问题

本节利用极大似然估计的方法还原前馈与序列，条件是已知前馈网络的结构、前馈网络输入序列的多项式，以及前馈网络的输出序列，目的是还原出输入序列的初始状态。这种方法利用 $\{C_k\}$ 序列把在离散集中进行搜索的问题转化为在连续集中逐步迭代的问题。

但是，利用极大似然估计的方法还原前馈与序列还有一些问题有待研究：

（1）Baum 算法只保证参数趋于一个临界点。但一般而言，目标函数的极值点不唯一，特别是当关系式项数较多、目标函数次数较高时，极值点可能也比较多，因此这个问题有一定不确定性。

（2）目前无法确定 Baum 算法的收敛速度。虽然 Baum 算法保证参数趋于某一个临界点，但是以什么样的速度趋于这个临界点，目前还不确定。如果能搞清这个问题，或者能够明确收敛速度与哪些因素有关，以及是怎样的关系，则对 Baum 算法的应用会有促进作用。

（3）无法确定 Baum 算法的时间复杂度。对一个具体问题而言，可以精确计算出利用 Baum 无法确定算法每迭代一次的时间复杂度。但需要多少次迭代才能使参数达到一个临界点则不清楚。当然这个问题与上一个问题有关。

9.2.5　实例剖析

1．实例 1

已知：$f(x)=x^3+x+1$，$g(y)=y^2+y+1$，$h(x,y)=xy$，$C_k=010000$。

$$\boldsymbol{A}=\begin{pmatrix} a_{14} & a_{24} & a_{34} \\ a_{15} & a_{25} & a_{35} \\ a_{16} & a_{26} & a_{36} \end{pmatrix}=\begin{pmatrix} 1 & 0 & 1 \\ 1 & 1 & 1 \\ 1 & 1 & 0 \end{pmatrix},\quad \boldsymbol{B}=\begin{pmatrix} b_{14} & b_{24} \\ b_{15} & b_{25} \\ b_{16} & b_{26} \end{pmatrix}=\begin{pmatrix} 1 & 0 \\ 0 & 1 \\ 1 & 1 \end{pmatrix}$$

初值：$x_1^0=0.5$，$x_2^0=0$，$x_3^0=0.5$；$y_1^0=0.5$，$y_2^0=0$。

（1）利用式（9-11）：

$$L_l=\frac{1}{2^2}\left\{2+(1-2C_l)\left(1+\prod_{i=1}^{3}(x_i^0-x_i^1)^{a_{il}}+\prod_{j=1}^{2}(y_j^0-y_j^1)^{b_{jl}}-\left(\prod_{i=1}^{3}(x_i^0-x_i^1)^{a_{il}}\right)\left(\prod_{j=1}^{2}(y_j^0-y_j^1)^{b_{jl}}\right)\right)\right\}$$

及

$$L(W)=\prod_{i=4}^{6}L_l$$

可以求出诸 L_l 及 $L(w)$。

（2）求偏导数。可利用式（9-12）和式（9-14）以及下面两个公式。

$$\begin{cases}\dfrac{\partial}{\partial x_{i^*}^1}(L_l)=\dfrac{1}{2^2}\left\{4+2(1-2C_l)\left(1+\prod\limits_{j=1}^{n}(y_j^0-y_j^1)^{b_{jl}}\right)\right\}-\dfrac{\partial}{\partial x_{i^*}^0}(L_l)\\ \dfrac{\partial}{\partial y_{j^*}^1}(L_l)=\dfrac{1}{2^2}\left\{4+2(1-2C_l)\left(1+\prod\limits_{i=1}^{m}(x_i^0-x_i^1)^{a_{jl}}\right)\right\}-\dfrac{\partial}{\partial y_{i^*}^0}(L_l)\end{cases}$$

（3）利用：

$$\hat{\gamma}_i^0=\frac{\gamma_i^0\sum\limits_{i=4}^{6}\dfrac{\partial}{\partial\gamma_i^0}(L_l)\cdot\dfrac{1}{L_l}}{\gamma_i^0\sum\limits_{i=4}^{6}\dfrac{\partial}{\partial\gamma_i^0}(L_l)\cdot\dfrac{1}{L_l}+\gamma_i^1\sum\limits_{i=4}^{6}\dfrac{\partial}{\partial\gamma_i^1}(L_l)\cdot\dfrac{1}{L_l}},\quad \hat{\gamma}_i^1=1-\hat{\gamma}_i^0$$

可以求出 $\hat{x}_i^0$ 和 $\hat{y}_j^0$，有 $\hat{x}_1^0$=0.44444，$\hat{x}_2^0$=0，$\hat{x}_3^0$=0.5，$\hat{y}_1^0$=0.5，$\hat{y}_2^0$=0，至此完成一次迭代；返回步骤（1），再继续进行迭代。

本例中各次迭代后的 x_1^1、x_2^1、x_3^1、y_1^1、y_2^1 及 L 的值供读者练习。

2. 实例 2

已知：

$$\begin{cases}f(x)=x^{11}+x^{10}+x^7+x^5+x^2+1\\ g(y)=y^{13}+y^{12}+y^9+y^6+y^2+y+1\\ h(x,y)=xy\end{cases}$$

（1）设已知序列 C_k 为

111010100000000000000000000100001000（36 个）

利用 Baum 算法进行迭代，采用单精度计算。第 36 步出现正确结果端倪，第 207 步各等式概率为 1 的成立，求出初始状态为：

$$\begin{cases}X=11111111000\\ Y=1110101000010\end{cases}$$

说明：本例中利用 Baum 算法求出了能够产生 C_k 序列的 $f(x)$ 的初始状态 X 及 $g(y)$ 的初始状态 Y，但是能够产生相同的 C_k 序列的 $f(x)$ 的初始状态 X 及 $g(y)$ 的初始状态 Y 不唯一，例如当初始状态为

$$\begin{cases} X = 11111010010 \\ Y = 1110101000010 \end{cases}$$

时亦可产生相同的 C_k 序列。至于有多少组 X、Y 可以产生相同的 C_k 序列，这个问题不属于本书研究的范围，此处不谈。当 C_k 序列足够长时，X、Y 是唯一的。

（2）设已知序列 C_k 为：

10000111010100000000000000000000（32 个）

利用 Baum 算法进行迭代，采用双精度计算。第 47 步出现正确结果端倪，继续进行迭代求出初始状态为：

$$\begin{cases} X = 1\cdots111.10 \\ Y = 1100111101010 \end{cases}$$

说明：求出初始状态 Y，X 只是部分地求出。利用已求出的 Y，可以求出 X 的若干分位，再利用 Baum 算法进行迭代，求出 X=10010111110。

（3）设已知序列 C_k 为：

$11101010000000000000000000\underline{1}1000010000101000\underline{1}010001000001000$（60 个）

其中标有下画线“_”的为错误符号，含错率 μ=3.333%。利用式（9-16）到式（9-20）求解含错的 C_k 序列。利用 Baum 算法进行迭代，采用双精度计算。第 94 步出现正确结果端倪，继续进行迭代，至第 166 步求出正确初始状态：

$$\begin{cases} X = 11111010010 \\ Y = 1110101000010 \end{cases}$$

由 9.2.2 节可知：$L(\hat{W})=(1-\mu)^N=(1-0.0333)^{47}=0.2$。本例未做到这一步。

第10章

银行卡密码（密钥）设置技巧

一般人设置银行卡密码，喜欢用生日、手机号、电话号码等。何以故？便于记忆！但是，便于记忆带来的问题是便于猜译或破译。能否设置出既便于记忆、又难于猜译或破译的密码呢？

方法一：

将生日、手机号、电话号码等反向排列，比如 19630321，反向排列为 12303691。可以计算出这时的熵增大了许多，既便于记忆，又增加了猜译难度；当然还可以反向排列再加间隔，比如 19630321，反向排列再加间隔 1 位则为 13392061；等等。

方法二：

采用斐波那契（Fibonacci）数列。所谓斐波那契数列，是任意相邻的 3 个数，第 3 个数是前 2 个数之和。比如，1、1、2、3、5、8、13、21、34、55、89…。当然，可以任意选 2 个数开始，比如，3、7、10、17、27、44、71、115…。采用斐波那契数列设置密码，只需记住前 2 个数，后面的数都是计算出来的，而且计算很方便，基本上与通过键盘用手工输入数字的速度差不多。

方法三：

采用斐波那契数列，再模 1 个数。所谓模 1 个数，直观理解就是当 2 个数相加之和大于这个模数时，就减去这个模数。仍以上述第 1 个例子为例，以 10 为模数：1、1、2、3、5、8、3（因为 5+8=13，减去模数 10=3）、1（因为 8+3=11，减去模数 10=1）、4、5、9、4（因为 5+9=14，减去模数 10=4）…。如果模数选择的不是 10，而是 1 个奇怪的数，比如 7，即只要 2 个数相加之和大于 7，就减去这个模数 7，那么设置的密码就更难猜译了。

方法四：

上述方法二和方法三还需要记住斐波那契数列的前 2 个初始值。能否设计出一个无须记忆任何数字的银行卡密码呢？可以。比如，如果有若干张银行卡，一般说每张卡上印制的卡号末位 2 位数（或者随意选 2 个位置上的数）是不同的，那么，就以这 2 个末尾数作为这张卡的斐波那契数列的初始值。这样做的另外好处是每张卡的密码都不一样，而且还不用记忆初始值。

参考文献

[1] M. D. MacLaren, G. Marsaglia. Uniform Random Number Generators. Journal of the ACM v. 12, n. 1, Jan 1965, pp.83-89.

[2] Donald E. Knuth. The Art of Computer Programming. Volume 2:Seminumerical Algorithms. Addison-Wesley, 1969.

[3] R. C. Merkle, M. E. Hellman. On the Security of Multiple Encryption. Comm. of the ACM, Vol. 24, No. 7, July 1981, pp.465-467.

[4] D. Andelman. Maximum Likelihood Estimation Applied to Cryptanalysis.

[5] Dov Andelman. Maximum Likelihood Estimation Applied to Cryptanalysis. Ph.D. Thesis, Stanford Dept. of Electrical Engineering, 1979.

[6] 于功第．计算机中文信息实用加密方案的研究．计算机工程与应用, 1992(5).

[7] [英]斯蒂芬 •平科克．破译者：从古埃及法老到量子时代的密码史．曲陆石译．北京：商务印书馆，2017．

[8] 王蒙．红楼启示录．北京：人民文学出版社，2014．

[9] [美]丹 • 布朗．达 • 芬奇密码．朱振武等译．北京：人民文学出版社，2017．

[10] 于功弟，路枝．利用软件黑盒子对 PC 文本文件加密的原理与方法．计算机应用研究，1990(6).

[11] 于功弟，路枝．一种计算机程序加密技术．新浪潮——技术介绍，1991(6).

[12] 文仲慧．对 MacLaren-Marsaglia 软件加密体制的分析．第三次全国计算机安全技术交流会论文集，1988．